たのしくできる
C & PIC 制御実験

鈴木美朗志 著

PIC16F84

TDU 東京電機大学出版局

```
port_b=0x0a;
if(input(PIN_B5)==1
{
    port_b=0x0f:
    delay_ms(500);
    port_b=0x05;
    delay_ms(2000);
    port_b=0x02;
    delay_ms(700);
```

PICは，米国およびその他の国におけるMicrochip Technology Inc.の登録商標です。
その他，本書に記載されている製品名は，一般に各社の商標または登録商標です。
なお，本文中に™マークおよび®マークは明記しておりません。

本書の全部または一部を無断で複写複製（コピー）することは，著作権法上での例外を除き，禁じられています。小局は，著者から複写に係る権利の管理につき委託を受けていますので，本書からの複写を希望される場合は，必ず小局（03-5280-3422）宛にご連絡ください。

まえがき

　組込みマイコンと呼ばれる機器に組み込まれたワンチップマイコンが，身近にあるテレビ，エアコン，洗濯機，冷蔵庫などの家電製品から自動車機器，工場などの産業機器，OA機器，通信機器など，あらゆる分野で使用されている。
　PIC（ピック）というワンチップマイコンも，組込みマイコンとして上記と同じような分野で，小型の制御装置や全体を制御するのではなく，個別機能ごとの制御などに利用され，発展を続けている。特に，本書で使用するPIC16F84AとPIC16F873は，フラッシュプログラムメモリ搭載なので，何度でも（1 000回程度）プログラムを即時消去し，簡単に書き換えができる人気のあるPICマイコンである。
　著者は，前著『たのしくできるPICプログラミングと制御実験』で，アセンブリ言語による基本的なPIC制御実験について著したが，今回，C言語によるプログラミングを中心としたPIC制御実験を取り上げることにした。
　C言語によるマイコン制御の特徴は，マイコンの機種依存性が少なく，わずかの手直しで，ほかのマイコンへのソフトの移植が容易になる。また，アセンブリ言語と同じように，ビット処理などの記述が可能で制御用に適している。このような理由により，PICを含め，組込みマイコンによる制御の開発には，C言語によるプログラミングが主流となっている。
　本書の内容は，次のような特徴がある。
1．米国CCS社のCコンパイラを使用する。このCコンパイラは，MPLABと統合して使うことができ，豊富な組込み関数と，これらをサポートするプリプロセッサコマンドが用意されている。このため，わかりやすいプログラムをつくることができる。
2．前著のアセンブリ言語による制御をC言語に書き換える。両言語のプログラムを比較すると，はるかにC言語のほうがわかりやすく，C言語は，産業

界での開発の経済性も高く，初学者の教育にも適している．理工系の専門学校や大学では，すでにC言語による制御技術教育が行われている．

3．前々著『たのしくできるPCメカトロ制御実験』では，プログラマブルコントローラによるベルトコンベヤの制御について著したが，これをC言語によるPIC制御にする．これらは，センサ回路を利用したACモータの実用制御回路として応用できる．

4．前著では使わなかったタイマ0割込みを使用する．これにより，DCモータの速度制御回路が簡単になり，7セグメント表示器の点灯制御もできる．

5．自走ロボットとも称される自走三輪車を製作する．PICで2つのDCモータを制御し，センサとして3セットの超音波センサを使う．障害物を避け，前進，後退，右折，左折をする．比較的低費用で簡単につくることができる．

6．人気上昇中のPIC16F873を使用したディジタル温度計を製作する．液晶表示ではなく，7セグメントLEDを3つ使用した実用装置で，大きな7セグメントLEDの使用も可能である．IC化温度センサとPIC16F873のA-D変換機能を使い，2～99.9℃まで表示できる．

7．PIC16F873のA-D変換機能とPWM機能を使用し，DCモータの速度制御をする．DCモータドライブICを使うことにより，DCモータの正転・逆転・ブレーキ・速度制御回路が実用化される．

8．MPLABと統合したCCS社のCコンパイラの使い方を詳しく図解する．

9．C言語の文法を初学者にもわかりやすく解説する．また，C言語によるプログラムの仕組みをフローチャートとともに詳しく述べ，基本回路から各種の実用回路まで幅広く取り上げる．このため，この本は，PICの初学者から開発技術者まで利用できると思われる．

　本書は，PIC回路を設計・製作し，C言語によるプログラミングをすることによって，PIC回路の制御実験をすることができる．回路の仕組みや動作原理，プログラムの仕組み，このハード・ソフトのどちらもわかりやすく執筆したつもりである．この本が，読者の方々の技術力向上に貢献できれば幸いである．

　最後に，企画・出版に至るまで，終始多大な御尽力をいただいた東京電機大学

出版局の植村八潮氏,松崎真理氏をはじめ,関係各位に心から御礼を申し上げる次第である。

 2003年1月   著者しるす

も く じ

1. PIC 基本回路 ―――――――――――――――― *1*

1.1 PIC16F84A ·· 1
    1.1.1 PIC とは ·· 1
    1.1.2 PIC16F84A の外観と各ピンの機能 ······························ 2
    1.1.3 PIC16F84A の特徴 ··· 3
1.2 救急警報回路 ··· 4
1.3 LED の点灯回路 ··· 12
    1.3.1 LED の点灯移動回路 ··· 12
    1.3.2 配列を利用した LED の点灯移動 ································ 17

2. ステッピングモータの正転・逆転・位置決め制御 *20*

2.1 ステッピングモータ駆動一軸制御装置 ························· 20
2.2 押しボタンスイッチによるテーブルの左移動と右移動 ········ 26
2.3 リミットスイッチを利用したテーブルの往復移動 ············· 32
2.4 一軸制御装置の原点復帰と定位置自動移動 ·················· 37

3. センサ回路を利用した実用装置 ―――――――― *43*

3.1 超音波センサと衝撃センサによる防犯装置 ···················· 43
    3.1.1 超音波送信・受信回路 ·· 43

3.1.2　衝撃検知回路 ……………………………………………48
　　　3.1.3　防犯装置のプログラム ………………………………50
　3.2　ヒステリシス ON／OFF 温度制御 …………………………52

4. 単相誘導モータの正転・逆転制御 ─────── 58

　4.1　単相誘導モータの正転・逆転回路 …………………………58
　4.2　単相誘導モータの正転・逆転回路のプログラム…………63

5. ベルトコンベヤを利用した各種の制御 ─────── 65

　5.1　ベルトコンベヤ………………………………………………65
　5.2　ドッグとリミットスイッチ…………………………………67
　5.3　パルス発生器…………………………………………………68
　5.4　超音波発振回路………………………………………………70
　5.5　ベルトコンベヤ(単相誘導モータ)と正転・逆転
　　　回路基板との接続………………………………………………71
　5.6　ベルトコンベヤの寸動運転…………………………………72
　5.7　ベルトコンベヤの繰返し運転制御…………………………74
　5.8　ベルトコンベヤの一時停止制御……………………………77
　5.9　ベルトコンベヤの回転回数制御……………………………79
　5.10　ベルトコンベヤの簡易位置決め制御 ……………………86
　5.11　自動ドア ……………………………………………………92
　5.12　シャッタの開閉制御 ………………………………………95

6. 割込み実験 ─────── 99

　6.1　LEDの点灯回路による外部割込み実験 …………………99

もくじ v

	6.1.1 LEDの点滅制御 ……………………………………………99
	6.1.2 10個のLEDの右点灯移動 …………………………………103
	6.1.3 LEDの点灯移動と点滅制御をモデルにした外部割込み実験 …106
6.2	タイマ0割込み実験 ……………………………………………………110
	6.2.1 タイマ0の内部構成 …………………………………………110
	6.2.2 LEDの点滅制御 ……………………………………………111
	6.2.3 DCモータの速度制御 ………………………………………116

7. 7セグメント表示器の点灯制御 ——————— *122*

7.1	ダイナミック点灯制御 …………………………………………………122
7.2	3桁加算カウンタ ………………………………………………………130
7.3	3桁減算カウンタ ………………………………………………………134

8. 自走三輪車 ——————————————— *137*

8.1	自走三輪車の構造 ………………………………………………………137
8.2	自走三輪車の制御回路 …………………………………………………138
8.3	自走三輪車のプログラム ………………………………………………140

9. PIC 16 F 873を使用した制御実験 ——————— *145*

9.1	ディジタル温度計 ………………………………………………………145
	9.1.1 PIC 16 F 873 ………………………………………………145
	9.1.2 ディジタル温度計の制御回路 ………………………………148
	9.1.3 ディジタル温度計のプログラム ……………………………152
9.2	DCモータの正転・逆転・ブレーキ・速度制御 ……………………159

10. CCS社-CコンパイラとPICライタ —————— *170*

- 10.1 CCS社-Cコンパイラの概要 ……………………………………170
- 10.2 MPLABとPCMのインストール ………………………………171
- 10.3 projectフォルダの作成 …………………………………………172
- 10.4 MPLABのショートカットアイコンの作成 …………………172
- 10.5 開発モードの設定 ………………………………………………173
- 10.6 MPLABとPCMの統合した使い方 ……………………………174
  - 10.6.1 言語ツールの設定 ………………………………………174
  - 10.6.2 ソースファイルの作成 …………………………………175
  - 10.6.3 プロジェクトファイルの作成 …………………………177
  - 10.6.4 コンパイル ………………………………………………181
- 10.7 PICライタによるプログラムの書込み ………………………183
  - 10.7.1 PICライタ ………………………………………………183
  - 10.7.2 プログラムの書込み ……………………………………184
  - 10.7.3 プログラミング済みPICからのデータリード ………187

参考文献 ……………………………………………………………………188

索引 …………………………………………………………………………190

1. PIC 基本回路

　PIC16F84A の魅力は，フラッシュプログラムメモリ搭載なので，何度でも（1 000 回程度）プログラムを即時消去し，簡単に書き換えができることにある。本章では，PIC16F84A を使用した基本回路として，救急警報回路と LED の点灯回路を取り上げる。

　本書では，PIC 用の C コンパイラとして，米国 CCS 社の C コンパイラを使用する。基本回路のプログラミングを例にして，2 章以降でもたびたび使用する CCS-C 特有のプリプロセッサコマンドや PIC 固有の各種関数について解説する。また，一般的な C 言語と同じように，if 文，for 文，while 文など目的に応じた条件判断やループが使えるので，プログラムはわかりやすい。これらの仕組みを書式とフローチャートで説明する。

　基本回路のプログラムは，解説付きのフローチャートと対比させることにより，また，部分的なプログラムの説明もあるので，C 言語の初学者にもわかりやすくなっている。

1.1　PIC16F84A

1.1.1　PIC とは

　PIC（ピック）とは，Peripheral Interface Controller の頭文字からなる名称であり，周辺インタフェース・コントローラを意味する。PIC は，米国のマイクロチップ・テクノロジー社（Microchip Technology Inc.）により開発されたワンチップマイコンである。

PICシリーズは，次の3つに大きく分類できる．
　（1）命令長12ビット：アーキテクチャのロー・レンジ
　（2）命令長14ビット：アーキテクチャのミッド・レンジ
　（3）命令長16ビット：アーキテクチャのハイエンド
　本書で扱うPIC16F84Aは，中位のミッド・レンジシリーズに属し，18ピンフラッシュ/EEPROM 8ビットマイクロコントローラとしてよく使用される．

1.1.2　PIC16F84Aの外観と各ピンの機能

　図1.1は，PIC16F84Aの外観であり，図1.2にピン配置を示す．また，表1.1は，PIC16F84Aの各ピンの機能を一覧表にまとめたものである．

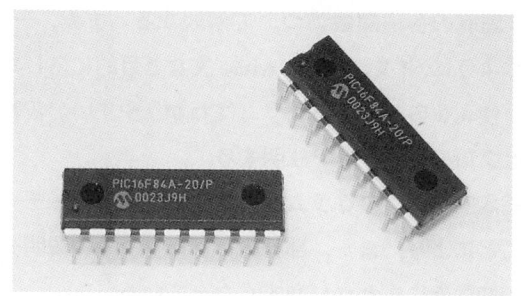

図1.1　PIC16F84Aの外観

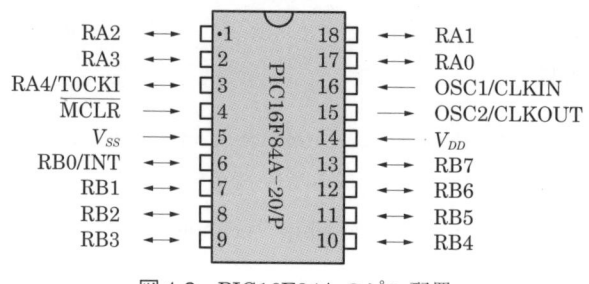

図1.2　PIC16F84Aのピン配置

表1.1 PIC16F84A の各ピンの機能

ピン番号	名 称	機 能
1	RA2	入出力ポート PORTA（ビット 2）
2	RA3	入出力ポート PORTA（ビット 3）
3	RA4/T0CKI	入出力ポート PORTA（ビット 4）/タイマクロック入力
4	$\overline{\text{MCLR}}$	リセット（L レベルでリセット，通常は H レベル）
5	V_{SS}	GND（グランド），接地基準
6	RB0/INT	入出力ポート PORTB（ビット 0）/外部割込みピン
7	RB1	入出力ポート PORTB（ビット 1）
8	RB2	入出力ポート PORTB（ビット 2）
9	RB3	入出力ポート PORTB（ビット 3）
10	RB4	入出力ポート PORTB（ビット 4）
11	RB5	入出力ポート PORTB（ビット 5）
12	RB6	入出力ポート PORTB（ビット 6）
13	RB7	入出力ポート PORTB（ビット 7）
14	V_{DD}	正極電源端子
15	OSC2/CLKOUT	オシレータ端子 2/クロック出力
16	OSC1/CLKIN	オシレータ端子 1/クロック入力
17	RA0	入出力ポート PORTA（ビット 0）
18	RA1	入出力ポート PORTA（ビット 1）

1.1.3 PIC16F84A の特徴

PIC16F84A は，次のような特徴がある。
（1） フラッシュプログラムメモリ（1k ワード）搭載なので，何度でも（1 000 回程度）プログラムを即時消去し，簡単に書き換えができる。
（2） PIC は，RISC（Reduced Instruction Set Computer；縮小セット命令コンピュータ）という考え方で設計されている。このため，命令の単純化

により1命令を1マシン・サイクルで高速に処理する。
（3）命令数は35と少なく，すべての命令は1ワードである。また，2サイクルのプログラム分岐命令を除いて，すべて1サイクル命令である。
（4）14ビット幅の命令，8ビット幅のデータである。
（5）I/Oピン数は13で，ピンごとに入出力設定が可能である。ポートAが0～4（RA0～RA4）の5ビット，ポートBが0～7（RB0～RB7）の8ビットである。
（6）動作電圧範囲は，PIC16F84A-20/Pでは4.5～5.5Vであり，最大動作周波数は20MHzである。動作周波数が10MHzのとき，1サイクル命令の時間は$0.4\mu s$になる。
（7）1ピンごとの最大シンク電流は25mA，最大ソース電流は20mAである。RA4はオープン・ドレインのため，ソース電流はない。

1.2 救急警報回路

図1.3は，救急警報回路である。使用例として，浴室の救急警報装置がある。浴室内に押しボタンスイッチPBS_1とPBS_2を設置し，入浴中に気分が悪くなったときなど，助けを求めるため押しボタンスイッチを押す。すると圧電ブザーが鳴り，白熱電球が点滅する。電球の代わりにAC100Vのブザーを使用してもよい。いまここでは，圧電ブザーと電球のON／OFFの繰り返しを10回にしている。PBS_3を押すことによってリセットする。

この回路の応用例としては，押しボタンスイッチの代わりに各種のセンサを使用することにより，工場などでの危険警報装置になる。

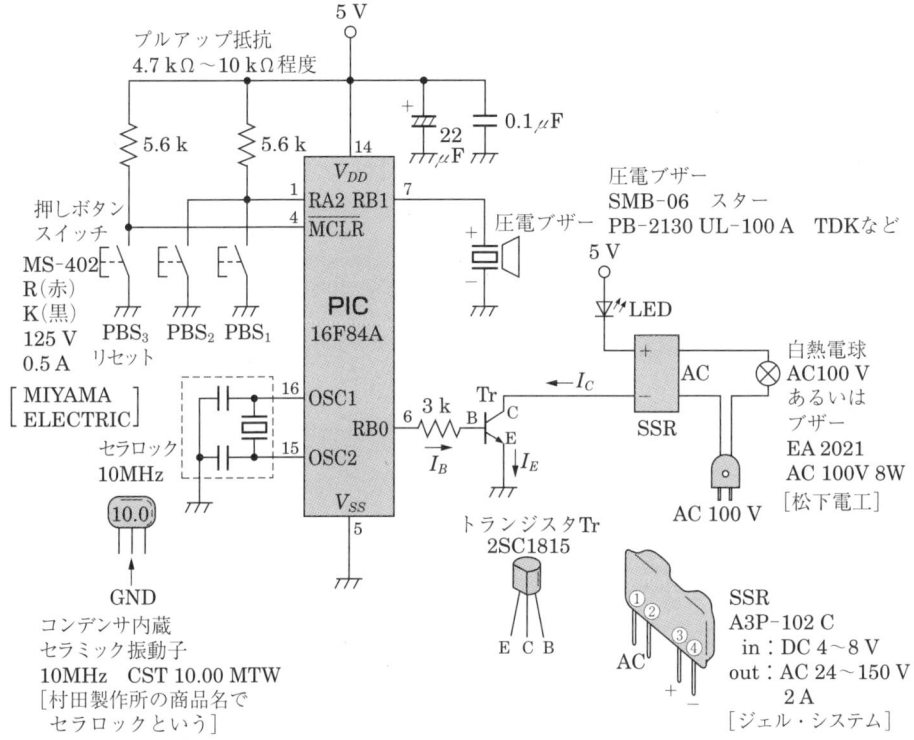

図 1.3 救急警報回路

図 1.4 に，救急警報回路の部品配置を示す。
ここで，回路の動作をみてみよう。

回路の動作

❶ ポート B の出力ピン RB0 が "H" になると，具体的には RB0 が 0V から 4.2V に上昇すると，3kΩ の抵抗を通じてトランジスタにベース電流 I_B が流れる。

❷ すると，電流増幅されたコレクタ電流 I_C が，5V 電源から，LED，SSR の入力回路，トランジスタのコレクタに流れる。実測によると I_C は 9.5

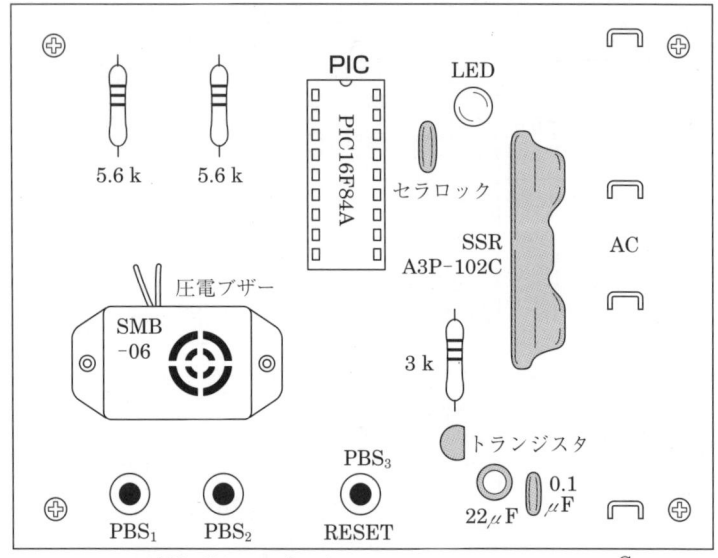

図 1.4　救急警報回路の部品配置

mA であり，この I_C によって LED は点灯する。LED はパイロットランプの働きをしている。ベース電流 I_B とコレクタ電流 I_C は，合流してエミッタ電流 I_E になる。

❸ SSR の入力回路に電流が流れると，SSR の出力回路は ON になり，白熱電球や AC100V ブザーは ON になる。

図 1.5 は救急警報回路のフローチャートであり，そのプログラムをプログラム 1.1 に示す。

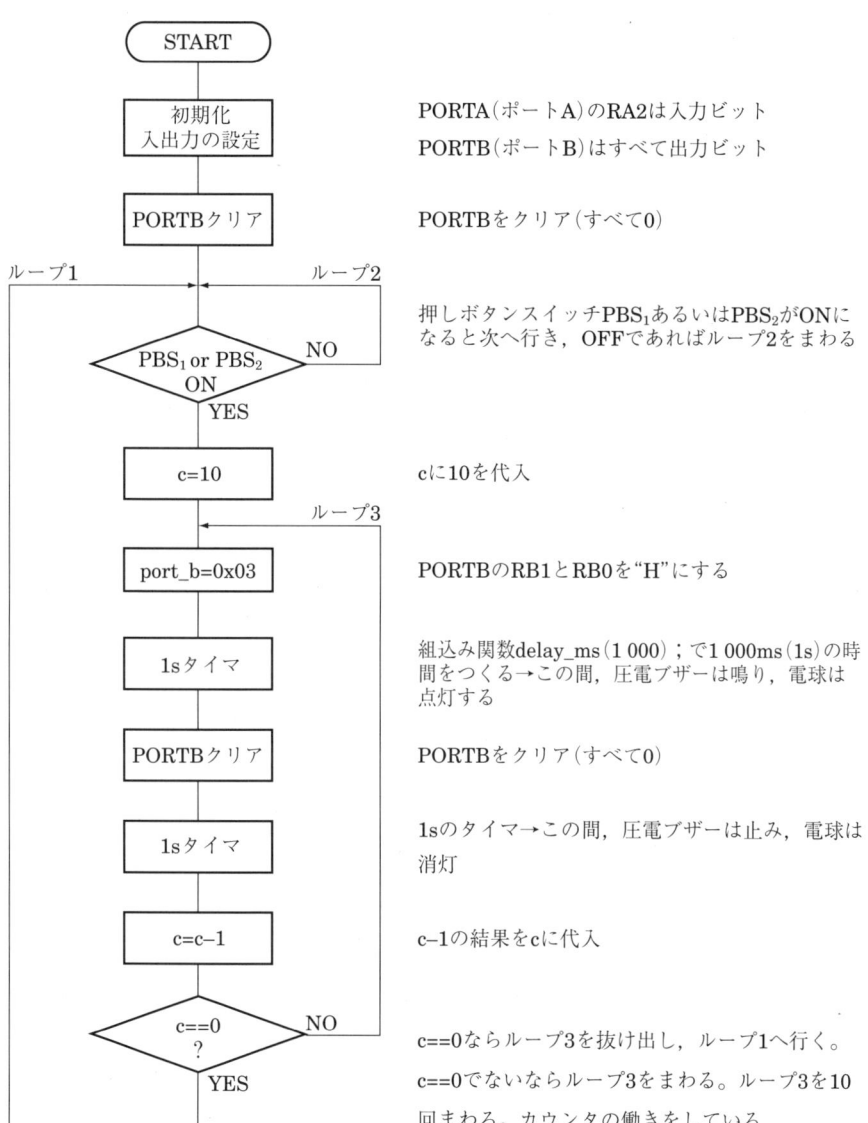

図 1.5 救急警報回路のフローチャート

プログラム 1.1　救急警報回路

```
#include <16f84a.h>
#fuses HS,NOWDT,NOPROTECT
#use delay(clock=10000000)
#byte port_b=6
main()
{
  int c;
  set_tris_a(0x04);
  set_tris_b(0);
  port_b=0;
  while(1)                                              ……ループ1
  {
    while(1)                                            ……ループ2
    {
      if(input(PIN_A2)==0)            ……PBS₁ or PBS₂ ON
        break;
    }
    c=10;
    while(1)                                            ……ループ3
    {
      port_b=0x03;
      delay_ms(1000);
      port_b=0;
      delay_ms(1000);
      c=c-1;
      if(c==0)
        break;
    }
  }
}
```

●解説

#include <16f84a.h>

　プリプロセッサは，コンパイル中にこの#includeコマンドを見つけると，< >で囲まれているファイル16f84a.hをシステムディレクトリから読み込む。この標準のインクルードファイルは，あらかじめコンパイラをインストールしたときに用意されていて，指定するだけで標準的なラベルを使うことが可能になる（例 PIN_A2 など）。

#fuses HS, NOWDT, NOPROTECT

　この命令は，プログラムをPICへ書き込むときに，fusesオプションを設定するものである。アセンブラの擬似命令__CONFIGに相当する。

　　オプション　HS：オシレータモードは，発振周波数10MHzを使用するのでHSモード。

　　　　　NOWDT：ウォッチドッグタイマは使用しない。

　NOPROTECT：コードプロテクトしない。

　　　　　　PUT：パワーアップタイマ（電源投入直後の72ms間のリセット）を使用する。

　この場合は，

#fuses HS, NOWDT, PUT, NOPROTECT

　とする。

　このfuses情報は，PICライタでPICにプログラムを書き込む際に，別途設定することもできる。

#use delay(clock=10000000)

　コンパイラにPICの動作速度を知らせる。この場合，発振周波数clockは10MHzである。

#byte port_b=6

　ファイルレジスタのファイルアドレス05hはPORTA，06hはPORTBと決まっているので，対応づけて指定する。アドレスの6番地は**変数レジスタport_b**

で表す．変数レジスタ port_a を使用する場合は，#byte port_a=5 と記述する．
main()

C 言語は関数によって構成される．一番はじめに実行したい関数は，main という関数名にする．

int c;

c という名前の int 型変数の定義をする．CCS 社-C コンパイラの int は，8 ビット符号なし数値である．16 ビット符号なし数値の場合は，long または int16 を使う．

set_tris_a(0x04);　set_tris_b(0);

set_tris_a( )，set_tris_b( ) の組込み関数は，PIC の任意の I/O ピンをピン単位で入力か出力かに設定できる．各ビットが各ポートのピンと対応する．ビットの値が 0 のとき出力，1 のとき入力になる．

　　　　　set_tris_a(0x04);→　 0 1 0 0 (04h)　PORTA の RA2 は入力ビット，
　　　　　　　　　　　　　　　 RA3 RA2 RA1 RA0　そのほかは出力ビット

　　　　　set_tris_b(0);→　　PORTB はすべて出力ビット

ノイズの影響による誤動作を防ぐため，未使用の I/O ピンは何も接続せずに，出力設定で L レベル出力にするとよい．このため本書では，初期化で入出力モードの設定をしている．

次に説明する入出力ピン制御関数を使用すると，入出力モードの設定は CCS-C コンパイラが自動的に行なうので必要としない．プログラム 1.1 では，入出力ピ

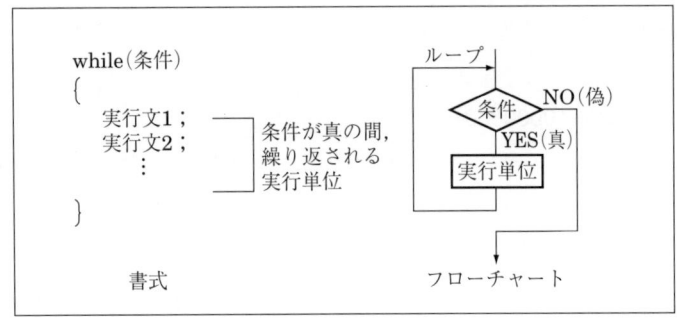

図 1.6　while 文の書式とフローチャート

ン制御関数 input(pin) を使用しているので，set_tris_a(0x04);はなくても正常に動作する。しかし，前述の未使用の I/O ピンを出力設定にするため，set_tris_a(0x04);は記述しておく。

port_b=0;

　変数レジスタ port_b に 0 を代入する。これにより PORTB の出力モードとなっている入出力ピンは，すべて "L" になる。

　入出力ピン制御関数 output_b( )を使用して，port_b=0;の代わりに，output_b(0);としてもよい。この場合，前述の#byte port_b=6 の記述は必要としない。

　図 1.6 は，while 文の書式とフローチャートである。( )の中の条件は，「真」の場合は "1"，「偽」の場合は "0" なので，「while(1)」とすると，無限ループを形成する。

if(input(PIN_A2)= =0)

　入出力ピン制御関数 input(pin)は，PIC の任意のピンからそのピンの状態("H" or"L")を入力する。ここでは，PORTA の 2 番ピン(RA2)の状態を入力する。

```
if 文    if（条件式）
         {
             実行文 1 ;       ┐
             実行文 2 ;       │ 条件式が YES(真)のとき，これを実行する。
                  ⋮          ┘
         }
while(1)
{
    if(input(PIN_A2)= =0)
       break；
}
```

while(1)の無限ループの中に if 文がある。input の結果，RA2 が 0(L)になったら，break 文で無限ループを脱出する。この状態は，図 1.3 において，押しボタンスイッチ PBS_1 あるいは PBS_2 が ON になったときである。

1.2 救急警報回路　11

c=10;
　　変数 c に 10 を代入する。
port_b=0x03;
　　変数レジスタ port_b に 0x03 を代入する。これにより，PORTB の出力モードになっている 0 番ピンと 1 番ピンは "H" になる。このため，圧電ブザーは鳴り，電球は点灯する。
　　入出力ピン制御関数 output_b( ) を使用して，port_b=0x03;の代わりに，output_b(0x03);としてもよい。この場合，前述の#byte port_b=6 の記述は必要としない。
delay_ms(1000);
　　組込み関数 delay_ms(time)は，ミリ秒単位のディレイを発生させる。設定できる時間は，引数が定数であれば 0 から 65535 までの値である。
　　　　　delay_ms(1000);→1000ms = 1s のディレイをつくる
c = c-1;
　　c の値から 1 を引き，その結果を c に代入する。
if(c = = 0)
　　c が 0 になったら，次の break 文によって無限ループを脱出する。

1.3　LED の点灯回路

1.3.1　LED の点灯移動回路

　　図 1.7 は，LED の点灯移動回路である。押しボタンスイッチ PBS_1 を ON にすると，LED は 0.2 秒間隔で左（LED0 から LED7 の方向）へ点灯移動する。PBS_2 を押すことによって停止する。
　　図 1.8 に部品配置を示す。
　　図 1.9 は LED の点灯移動回路のフローチャートであり，そのプログラムをプログラム 1.2 に示す。

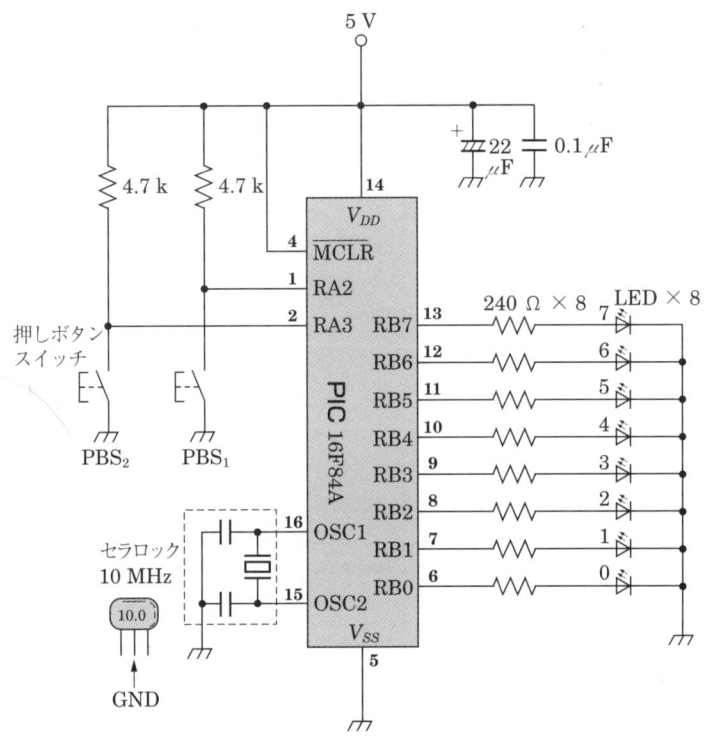

図 1.7　LED の点灯移動回路

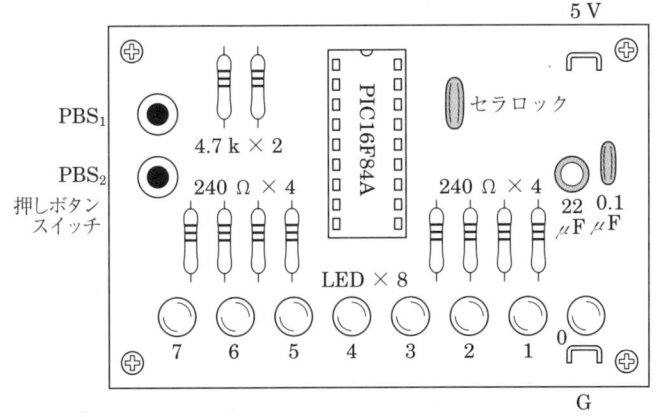

図 1.8　LED の点灯移動回路の部品配置

1.3　LED の点灯回路　　13

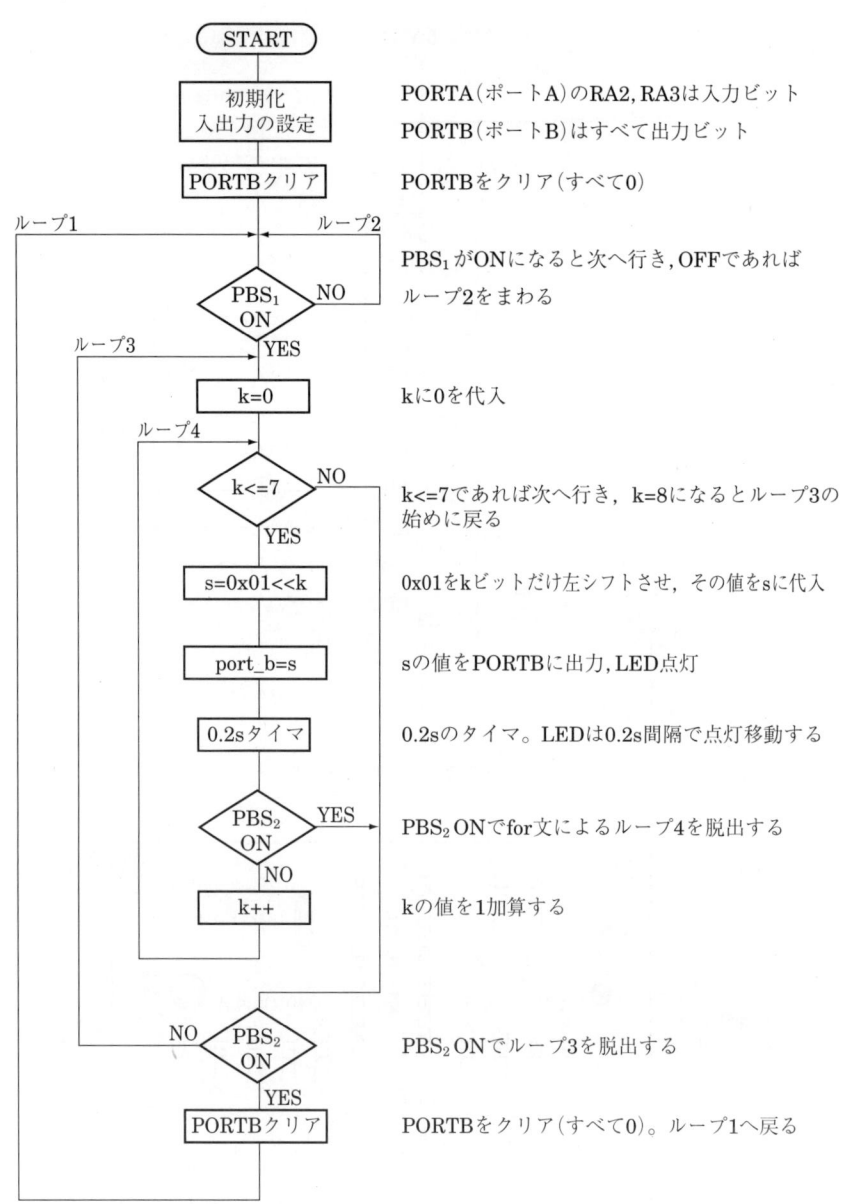

図1.9　LEDの点灯移動回路のフローチャート

プログラム 1.2 LED の点灯移動回路

```
#include <16f84a.h>
#fuses HS,NOWDT,NOPROTECT
#use delay(clock=10000000)
#byte port_b=6
main()
{
  int k,s;
  set_tris_a(0x0c);
  set_tris_b(0);
  port_b=0;
  while(1)                            ……………………………………ループ1
  {
    while(1)                          ……………………………………ループ2
    {
      if(input(PIN_A2)==0)            ……………………………………PBS₁ ON
        break;
    }
    while(1)                          ……………………………………ループ3
    {
      for(k=0;k<=7;k++)               ……………………………………ループ4
      {
        s=0x01<<k;
        port_b=s;
        delay_ms(200);
        if(input(PIN_A3)==0)          ……………………………………PBS₂ ON
          break;
      }
      if(input(PIN_A3)==0)            ……………………………………PBS₂ ON
        break;
    }
    port_b=0;
  }
}
```

●解説

set_tris_a(0x0c);

0x0c → 1 1 0 0 (0ch)　RORTA の RA2 と RA3 は入力ビット，
　　　　RA3 RA2 RA1 RA0　　　そのほかは出力ビットに設定

for(k=0;k<=7;k++)

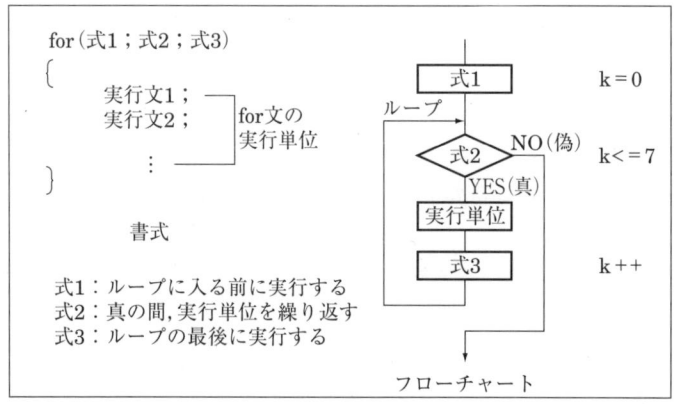

図 1.10　for 文の書式とフローチャート

　図 1.10 は，for 文の書式とフローチャートである。ループに入る前に式 1（k=0）を実行する。式 2（k<=7）が真の間，**実行単位**を繰り返す。そして，ループの最後に式 3（k++）を実行する。

s=0x01<<k;

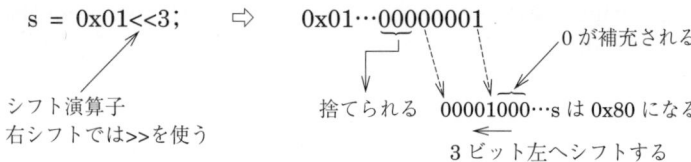

　0x01 を 3 ビットだけ左にシフトさせ，その結果を s に代入する。s は 0x80 になる。

シフト演算子は，各ビットを左または右にシフトさせる働きがあるが，回転シフトは行われない。したがって，無限ループを形成する while 文の中に for 文が入ってくる。

1.3.2 配列を利用した LED の点灯移動

プログラム 1.3 は，配列の点灯データを利用した LED の点灯移動である。PBS_1 の ON で，LED は 0.2 秒間隔で図 1.11 のように点灯移動する。PBS_2 の ON で停止する。

プログラム 1.3 配列を利用した LED の点灯移動

```
#include <16f84a.h>
#fuses HS,NOWDT,NOPROTECT
#use delay(clock=10000000)
#use fast_io(a)
#use fast_io(b)
main()
{
  int a[8],k,s;
  set_tris_a(0x0c);
  set_tris_b(0);
  output_b(0);
  a[0]=0x81; a[1]=0x42; a[2]=0x24; a[3]=0x18;
  a[4]=0x18; a[5]=0x24; a[6]=0x42; a[7]=0x81;
  while(1)
  {
    while(1)
    {
      if(input(PIN_A2)==0)           ……………………………………$PBS_1$ ON
        break;
    }
    while(1)
```

1.3 LED の点灯回路

```
    {
      for(k=0;k<=7;k++)
      {
        output_b(a[k]);
        delay_ms(200);
        if(input(PIN_A3)==0)    ……………………………………PBS₂ ON
          break;
      }
      if(input(PIN_A3)==0)    ……………………………………PBS₂ ON
        break;
    }
    output_b(0);
  }
}
```

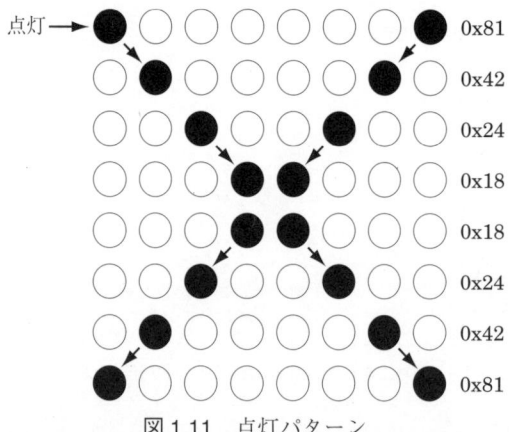

図1.11　点灯パターン

●解説

#use fast_io(a)　　　#use fast_io(b)

入出力モード設定プリプロセッサ#use fast_io(port)を使用すると，初期化で指定したset_tris_xの入出力モードに従い，各ピンの入出力をダイレクトに実行

する。このため，命令数を少なくでき，高速な動作をする。

　#use fast_io(port)を使用しなければ，入出力モード設定命令は，入出力ピン制御関数を使用するたびに，CCS-Cコンパイラによって自動追加される。このため，ノイズ等で各ピンの入出力設定や出力データが反転した場合の誤動作を回避することができる。

　プログラム1.3は，入出力ピン制御関数 output_b( ) と input(pin) を使用しているので，#use fast_io(port)を使用しなければ，set_tris_a(0x0c);と set_tris_b(0);の記述はなくてもよい。

　本書のほかのプログラムでは，output_b( )は使用せず，入出力ピンを変数レジスタ port_a や port_b と見なして出力制御している。このため，初期化で入出力モードの設定が必要である。また，未使用のI/Oピンによるノイズの影響を考慮して，すべてのプログラムにおいて，初期化で入出力モードの設定をしている。

int a[8], k, s;

　int型の配列と変数の定義。

　配列は同種のデータ型を集めたもので，int a[8]と宣言すると，確保される要素はa[0]～a[7]の8個である。

a[0]=0x81; a[1]=0x42; …a[7]=0x81;

　変数名がaという配列a[0]～a[7]に点灯データを代入する。

output_b(0);　　　output_b(a[k]);

　入出力ピン制御関数 output_b( ) を使用してPORTBに0や配列a[k]の値を出力する。

2. ステッピングモータの正転・逆転・位置決め制御

　電子機械の駆動源であるアクチュエータとして，DCモータ，誘導モータのほかにステッピングモータがある。ステッピングモータは，起動・停止，位置決めに優れた制御性をもっていて，従来からワンチップマイコンによる制御が実用化されている。本章では，PICによるステッピングモータ駆動一軸制御装置の制御を試みる。

　ステッピングモータの起動・停止，位置決めには，押しボタンスイッチ，リミットスイッチ・ホトインタラプタなどのセンサを使用する。これらのスイッチ情報やセンサ出力信号によって，プログラムは条件判断や分岐をするが，これには，if～else文やswitch～case文を使用する。このため，わかりやすくプログラミングができる。また，ステッピングモータはパルスモータともいわれるように，クロックパルスによって駆動する。このクロックパルスも，プログラムによって簡単につくることができる。

2.1　ステッピングモータ駆動一軸制御装置

　図2.1は，ステッピングモータ駆動一軸制御装置の構成と外観で，PIC制御用に市販品を改造したものである。

　図2.2に，ステッピングモータ駆動回路とPIC回路との接続を示す。

　駆動回路で使用するステッピングモータ・コントローラTA8415Pは，正転・逆転，各種励磁モード（1相，2相，1-2相）機能をもっている。また，このコントローラはユニポーラ駆動専用で，電源電圧4.5～5.5V（最大7V），出力電流

400mA（最大）の駆動が可能である。なお，**ユニポーラ駆動**とは，駆動コイルに一方向のみの駆動電流を流す方式のことである。

　図のステッピングモータ駆動回路において，TA8415P の動作と**ステッピングモータの回転方向**は表 2.1 の真理値表に従う。クロック端子 ck_2 は，+5V に接続されているので常に"H"である。PIC からの信号によって CW／CCW 端子を"L"にしておき，クロック端子 ck_1 に**クロック信号**（パルス）を入れると，

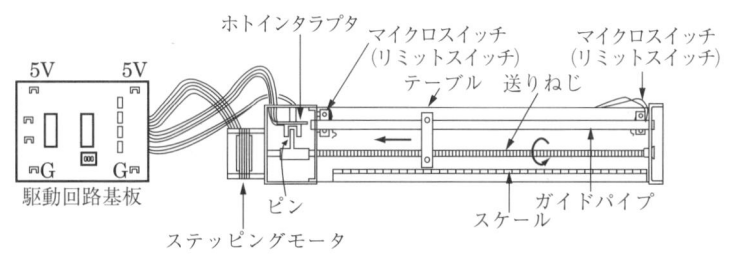

(a) 構　成

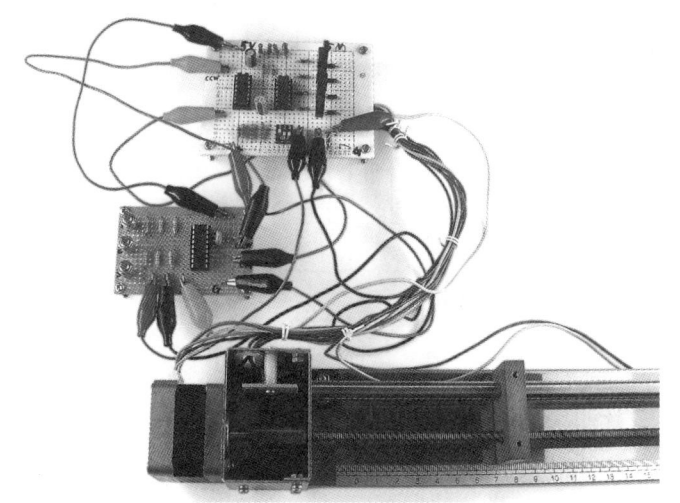

(b) 外　観

図 2.1　ステッピングモータ駆動一軸制御装置

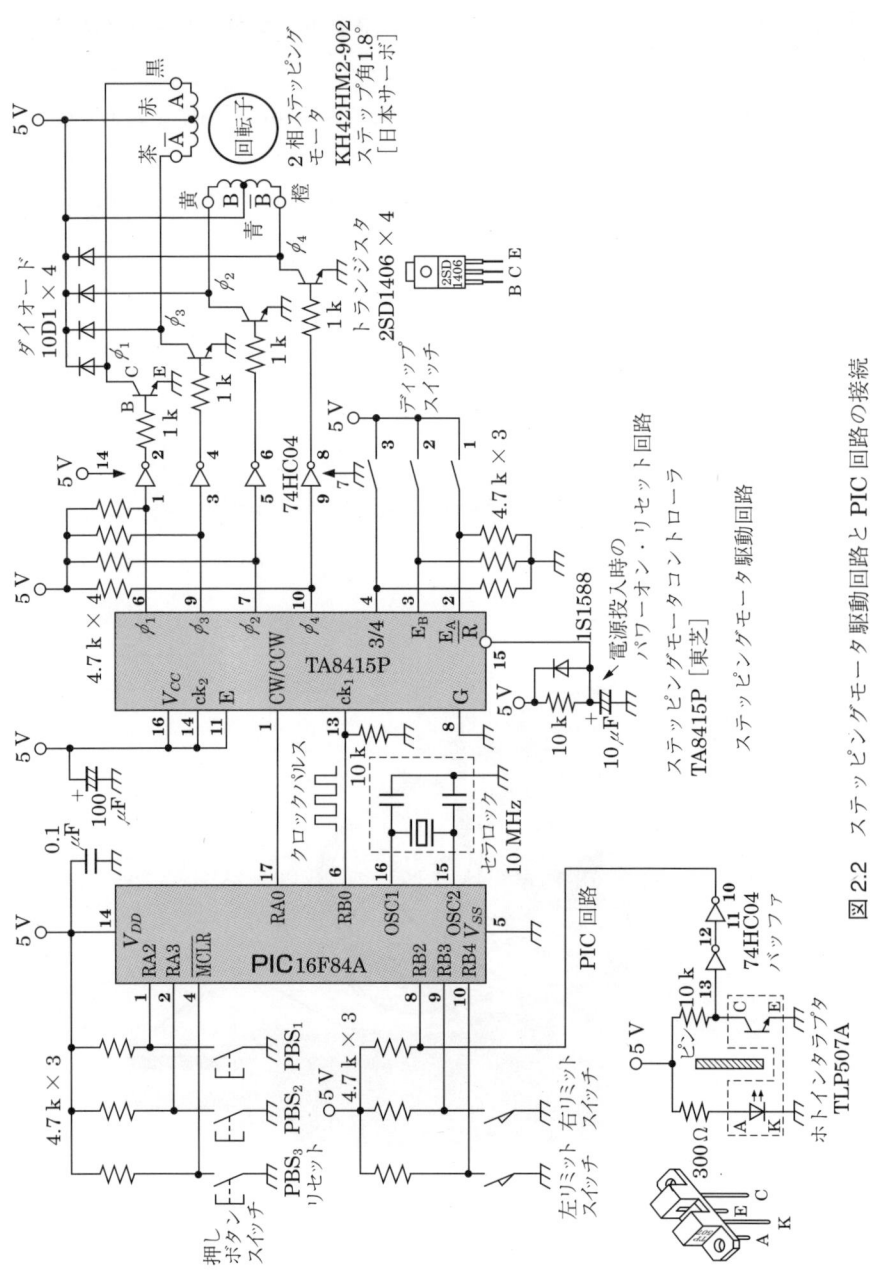

図 2.2 ステッピングモータ駆動回路と PIC 回路の接続

22　2. ステッピングモータの正転・逆転・位置決め制御

表2.1 クロック端子および CW/CCW 端子の真理値表

ck_1	ck_2	CW/CCW	機能
↑	H	L	CW
↑	H	H	CCW

表2.2 励磁方式指定の真理値表

E_A	E_B	3/4	機能
L	L	L	1相励磁
H	L	L	2相励磁
L	H	L	1-2相励磁

　ステッピングモータは CW（時計方向）に回転する。CW/CCW 端子を"H"にすると，ステッピングモータの回転は CCW（反時計方向）に変わる。クロック周波数を大きくしていくと，ステッピングモータの回転速度は増大する。

　2相ステッピングモータの励磁方式の指定は，表2.2 の真理値表に従う。使用するステッピングモータは2相ステッピングモータであるので，3/4 端子は常に"L"にしておく。

　ステッピングモータ駆動回路において，励磁方式指定の3/4, E_A, E_B には，プルダウン抵抗 4.7kΩ がそれぞれ接続されている。したがって，図のようにディップスイッチ1，2，3 が OFF の状態では，3/4, E_A, E_B 端子は"L"になっている。このとき，表2.2 からステッピングモータは1相励磁駆動になる。E_A を"H"，すなわち，ディップスイッチ1を ON にすると2相励磁駆動となり，ディップスイッチ1を OFF，ディップスイッチ2を ON にすると1-2相励磁駆動にすることができる。

　図2.2 の PIC 回路の入力側に，ホトインタラプタとピンによるパルス発生器，さらに左右にマイクロ（リミット）スイッチがある。図に示すホトインタラプタは透過形といって，左側の凸部に発光ダイオード，右側の凸部にホトトランジスタが同一光軸上に向かい合って埋め込まれている。発光ダイオードの発する近赤

2.1 ステッピングモータ駆動一軸制御装置

外線をホトトランジスタで受光する仕組みになっている。

　図において，発光ダイオードには 12mA 程度の電流が流れ，近赤外線を発光している。しかし，ステッピングモータの回転軸に取り付けてあるピンが，光軸上に遮断物としてあるので，ホトトランジスタには近赤外線は届かず，ホトトランジスタは OFF 状態である。このとき，コレクタ電圧は"H"で，バッファ出力も"H"になる。

　ステッピングモータが回転し，光軸を遮断していたピンが取り除かれると，発光ダイオードの近赤外線により，ホトトランジスタは ON になる。コレクタ電流が 10kΩ の抵抗に流れ，コレクタ電圧は"L"になる。したがって，バッファ出力も"L"になる。

　このようにホトインタラプタは，発光ダイオードとホトトランジスタの光学的結合を遮断物で ON/OFF し，パルス状の電気信号を出力する。ステッピングモータの回転軸が 1 回転すると，同じ回転軸に取り付けたピンがホトインタラプタの溝（光軸）を 1 回通過するので，ホトインタラプタは 1 個のパルスを発生する。このパルスを PIC 回路の入力とし，ステッピングモータ駆動一軸制御装置の位置決めに利用する。左右のマイクロスイッチは，**リミットスイッチ**として動作する。

　図 2.3 は，ステッピングモータ駆動回路と PIC 回路の部品配置である。

図 2.3 ステッピングモータ駆動回路と PIC 回路の部品配置

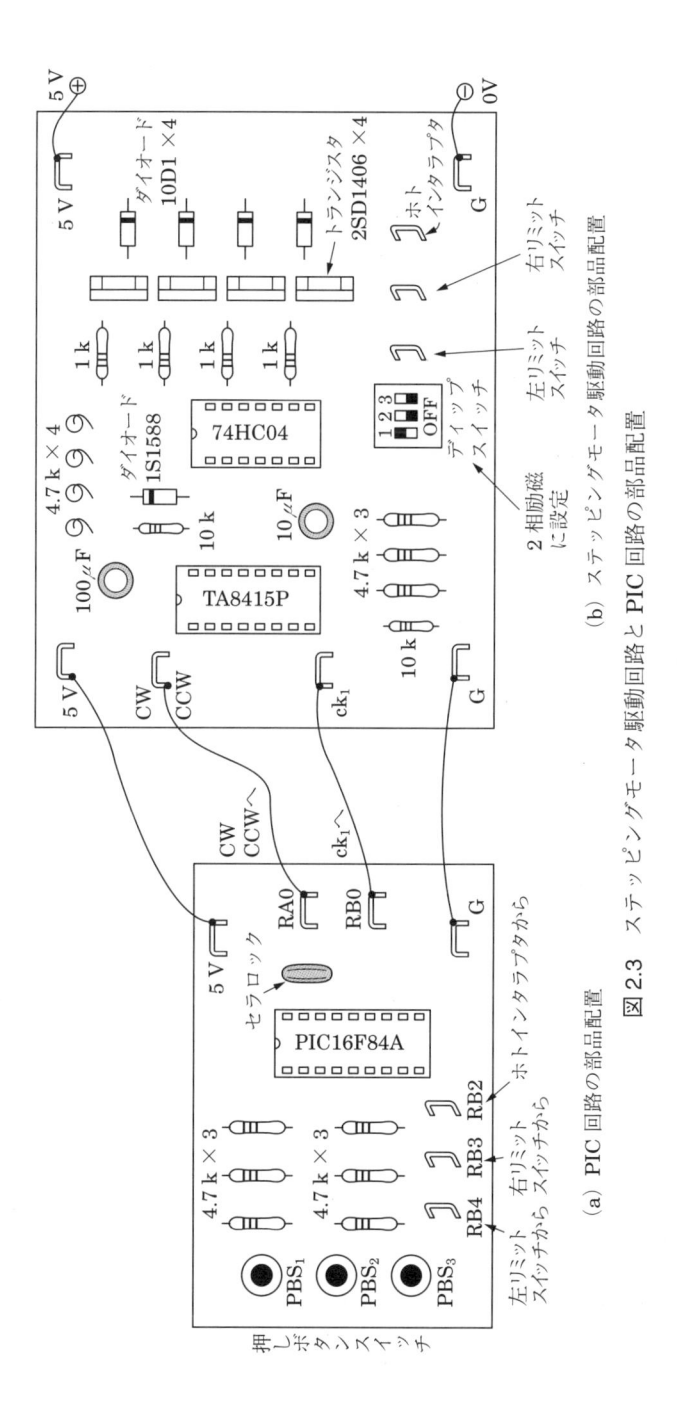

(a) PIC 回路の部品配置

(b) ステッピングモータ駆動回路の部品配置

2.1 ステッピングモータ駆動一軸制御装置

2.2 押しボタンスイッチによるテーブルの左移動と右移動

図 2.4 は，押しボタンスイッチによるテーブルの左移動と右移動のフローチャートである。プログラムをプログラム 2.1 に示す。

図 2.3 のように，PIC 回路基板とステッピングモータ駆動回路基板を接続する。

図 2.2 と図 2.4 において，押しボタンスイッチ PBS_1 ON でテーブルは左移動，PBS_2 ON で右移動する。PBS_1 または PBS_2 を ON にすると，ポート A の RA0 は "L" または "H" になり，CW（時計まわり），CCW（反時計まわり）が決まる。PBS_1 または PBS_2 が OFF になっても，ループ 2 の else からのプログラムによって，クロックパルスをつくる。ポート B の RB0 から，クロックパルスは出力される。

START
初期化
入出力の設定 —— PORTA（ポート A）の RA2 と RA3 は入力ビット，RA0 は出力ビット
PORTB（ポート B）はすべて出力ビット

ループ1

PBS_1 ON — NO → PBS_2 ON — NO
YES   YES

ループ2

PBS_1 ON — NO → PBS_2 ON — NO → else
YES   YES
port_a = 1   PORTA クリア   port_b = 1
                                1.2ms タイマ
                                PORTB クリア
                                1.2ms タイマ

RA0 と CW/CCW は "H"。表 2.1 より，機能は CCW，すなわち反時計まわり。テーブルは左移動。

RA0 と CW/CCW は "L"。表 2.1 より，機能は CW，すなわち時計まわり。テーブルは右移動。

クロックパルスをつくる。RB0 出力は 1.2ms 間隔で ON/OFF を繰り返す。

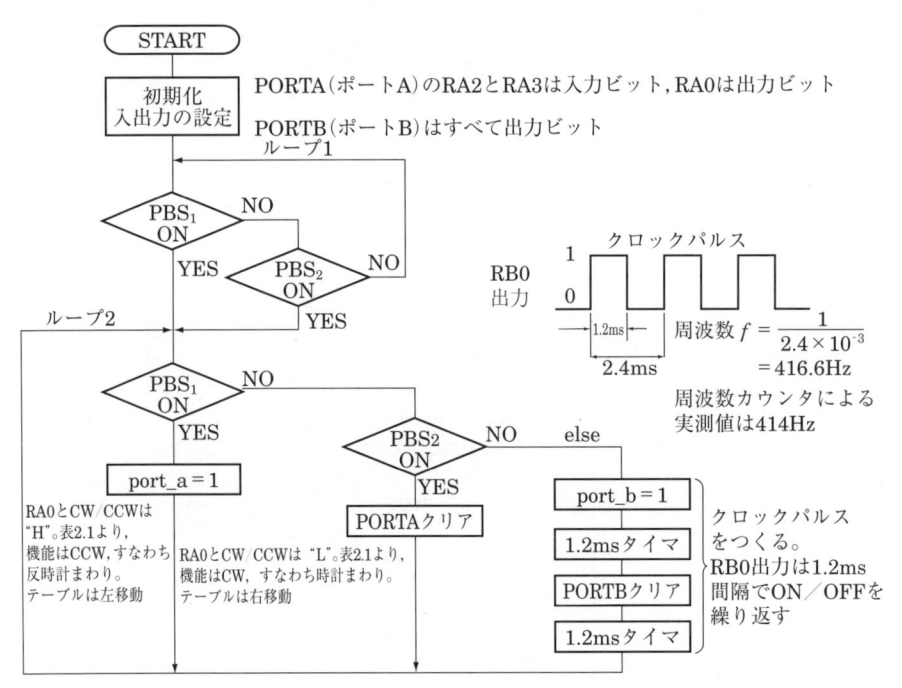

クロックパルス
RB0 出力 1/0 ← 1.2ms → 2.4ms
周波数 $f = \dfrac{1}{2.4 \times 10^{-3}} = 416.6\text{Hz}$
周波数カウンタによる実測値は 414Hz

図 2.4 押しボタンスイッチによるテーブルの左移動と右移動のフローチャート

2. ステッピングモータの正転・逆転・位置決め制御

プログラム2.1　押しボタンスイッチによるテーブルの左移動と右移動 1

```
#include <16f84a.h>
#fuses HS,NOWDT,NOPROTECT
#use delay(clock=10000000)
#byte port_a=5
#byte port_b=6
main()
{
  set_tris_a(0x0c);
  set_tris_b(0);
  while(1)                                    ……………………………………………ループ1
  {
    if(input(PIN_A2)==0)                      ……………………………………PBS₁ ON
      break;
    else if(input(PIN_A3)==0)                 ……………………………PBS₂ ON
      break;
  }
  while(1)                                    ……………………………………………ループ2
  {
    if(input(PIN_A2)==0)                      ……………………………………PBS₁ ON
      port_a=1;
    else if(input(PIN_A3)==0)                 ……………………………PBS₂ ON
      port_a=0;
    else
    {
      port_b=1;
      delay_us(1200);
      port_b=0;
      delay_us(1200);
    }
  }
}
```

while 文によるループ 2 で，クロックパルスはつくり続けられ，テーブルは左移動，あるいは右移動を続ける．クロックパルスの周波数を高くすれば，テーブルの移動速度は増加する．

PBS_3 ON でリセットとなり，テーブルの移動は停止する．

●解説

else if(input(PIN_A3)==0)

if 文は本来 2 方向分岐をするものだが，else if 文によって**多方向分岐**を行うことができる．

図 2.5 に，if～else 文の書式とフローチャートを示す．

else if(input(PIN_A3)==0)では，図 2.5 の式 2 に相当する(input(PIN_A3)==0)が真であるか，偽であるかを判断する．PORTA の RA3 が "L"，すなわち "0" になれば真となり，実行単位 2 を実行する．偽であれば，次の else if 文に分岐する．

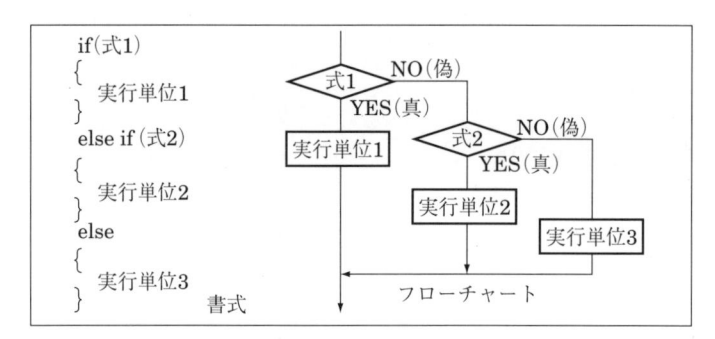

else　　　　　　　　　　クロックパルスをつくる
{
　　port_b=1;------------------------RB0 出力は "1" になる
　　delay_us(1200);--------------RB0 出力 "1" の時間を $1\,200\,\mu s$=1.2ms にする
　　port_b=0;------------------------RB0 出力は "0" になる

図 2.5　if～else 文の書式とフローチャート

```
delay_us(1200);--------RB0 出力 "0" の時間を 1.2ms にする
}
```

RB0出力 クロックパルス

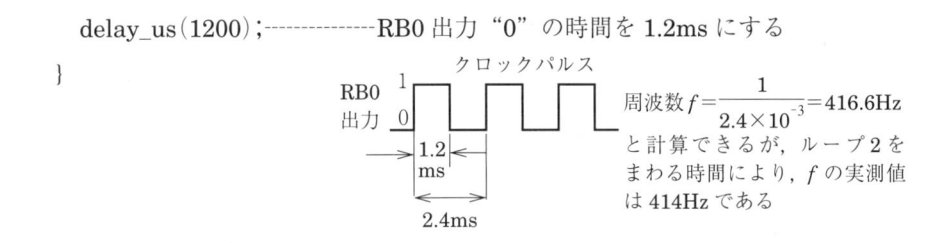

1.2ms

2.4ms

周波数 $f = \dfrac{1}{2.4 \times 10^{-3}} = 416.6\text{Hz}$ と計算できるが，ループ2をまわる時間により，f の実測値は 414Hz である

図 2.6 は，switch～case 文を使用した押しボタンスイッチによるテーブルの左移動と右移動のフローチャートである。プログラムをプログラム 2.2 に示す。

START
初期化 入出力の設定 — PORTA（ポートA）のRA2とRA3は入力ビット，RA0は出力ビット
PORTB（ポートB）はすべて出力ビット

ループ1

PBS$_1$ ON ? — NO → PBS$_2$ ON ? — NO
YES   YES
a=10   a=20

PBS$_1$がONならば，aに10を代入し，ループ1を脱出する
PBS$_2$がONならば，aに20を代入し，ループ1を脱出する

ループ2

case 10 — NO → case 20 — NO → default
YES   YES   port_b=1
PBS$_1$ ON ? NO PBS$_2$ ON ? NO 1.2msタイマ
YES   YES   PORTBクリア
port_a=1   PORTAクリア   1.2msタイマ
a=20   a=10

switch～case 文により，aが10なら，case10 に続く実行文を実行する。aが20なら，case 20 に続く実行文を実行する。PBS$_1$あるいは，PBS$_2$がONでないならば，default からの実行文を実行する

CW/CCWは "H" テーブルは左移動
CW/CCWは "L" テーブルは右移動

クロックパルスをつくる。RB0出力は1.2ms間隔でON/OFFを繰り返す

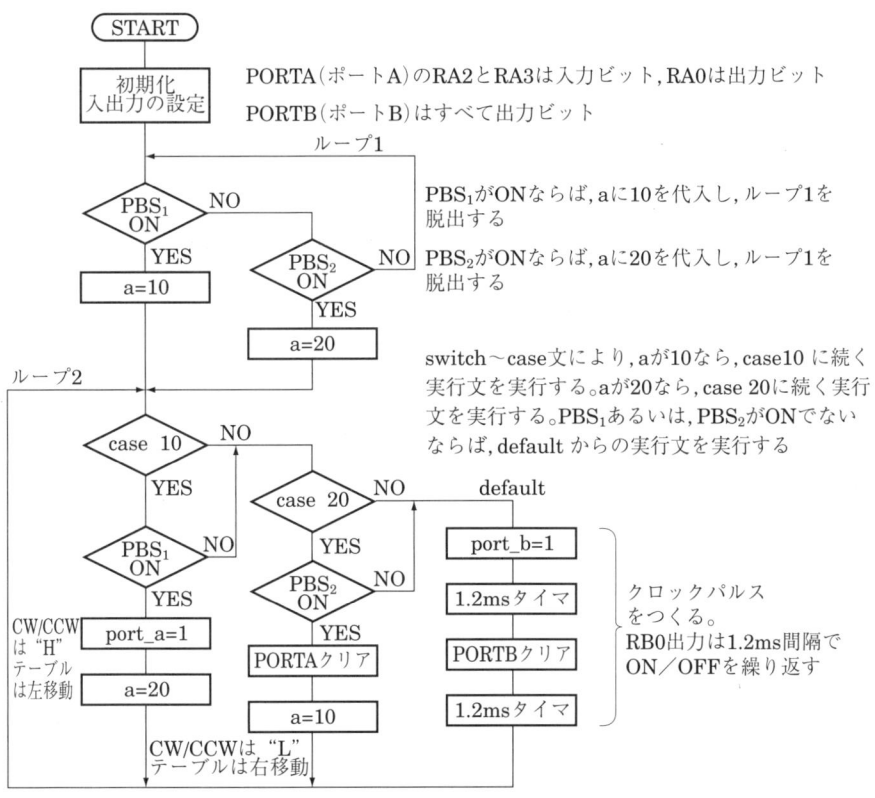

図 2.6 switch～case 文を使用した押しボタンスイッチによるテーブルの左移動と右移動のフローチャート

プログラム2.2 押しボタンスイッチによるテーブルの左移動と右移動2

```
#include <16f84a.h>
#fuses HS,NOWDT,NOPROTECT
#use delay(clock=10000000)
#byte port_a=5
#byte port_b=6
main()
{
  int a;
  set_tris_a(0x0c);
  set_tris_b(0);
  while(1)                                                    ……ループ1
  {
    if(input(PIN_A2)==0)
    {
      a=10;
      break;
    }
    else if(input(PIN_A3)==0)
    {
      a=20;
      break;
    }
  }
  while(1)                                                    ……ループ2
  {
    switch(a)
    {
      case 10:
        if(input(PIN_A2)==0)
        {
          port_a=1;
          a=20;
          break;
        }
```

```
      case 20:
        if(input(PIN_A3)==0)
        {
          port_a=0;
          a=10;
          break;
        }
      default:
        port_b=1;
        delay_us(1200);
        port_b=0;
        delay_us(1200);
    }
  }
}
```

● 解説

図 2.7 は switch〜case 文の書式とフローチャートである。

プログラム 2.2 にあてはめると，式 a が 10 のとき，case 10 に続く実行単位を実行する。このとき，PBS_1 が ON であれば，port_a に 1 を代入し，CW／CCW は"H"となり，a に 20 を代入する。この結果，case 20 に分岐するが，PBS_2 が ON にならないかぎり，default からの実行文でクロックパルスをつくる。したがって，CW／CCW は"H"であるので，テーブルは左移動する。

case 20 に続く実行文によって，PBS_2 が ON となると，PORTA をクリアさせ，CW／CCW は"L"になる。このとき，a に 10 を代入する。

この結果，case 10 に分岐するが，PBS_1 が ON にならなければ，default からの実行文によってクロックパルスをつくる。CW／CCW は"L"なので，テーブルは右移動する。

```
switch (式)
{
    case 式1:
        実行文1;      ┐ 式が式1に
        ⋮              一致したとき
        break;        ┘ の実行単位1
    case 式2:
        実行文2;      ┐ 式が式2に
        ⋮              一致したとき
        break;        ┘ の実行単位2
    case 式3:
        実行文3;      ┐ 式が式3に
        ⋮              一致したとき
        break;        ┘ の実行単位3
    default:
        実行文        ┐ 上記のどれ
        ⋮              にもあては
                       まらないとき
                     ┘ の実行単位
}
    書式
```

フローチャート

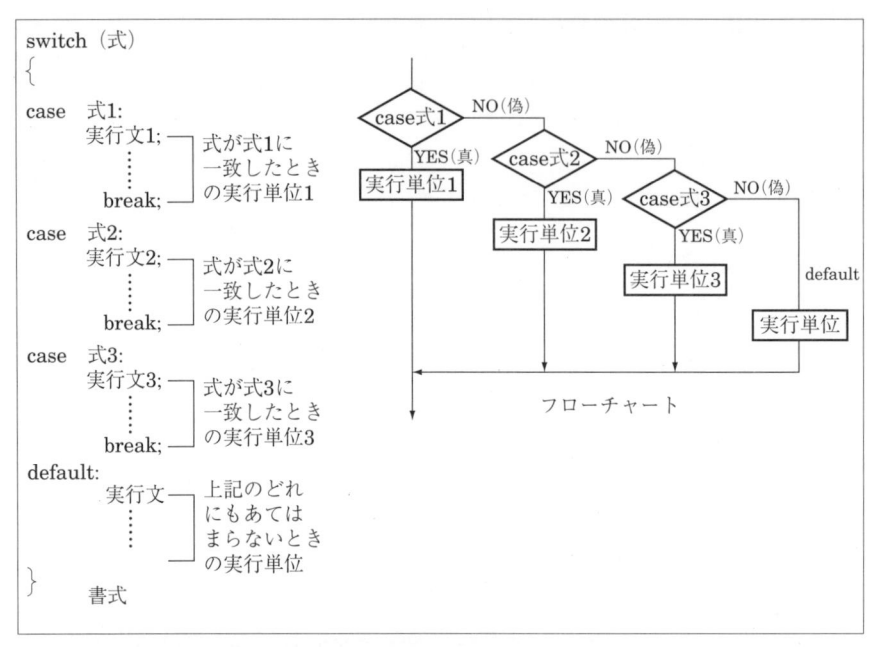

図 2.7 switch～case 文の書式とフローチャート

2.3 リミットスイッチを利用したテーブルの往復移動

図 2.8 は，リミットスイッチを利用したテーブルの**往復移動 1** のフローチャートである。プログラムをプログラム 2.3 に示す。

図 2.3 において，PIC 回路基板の RB4 端子とステッピングモータ駆動回路基板の左リミットスイッチ端子を接続する。同様に，RB3 端子と右リミットスイッチ端子を接続する。

図 2.8 において，押しボタンスイッチ PBS_1 ON でテーブルは左移動，PBS_2 ON で右移動をする。テーブルが左移動することによって，左リミットスイッチが ON になると，テーブルの動きは右移動に変わる。同様に，テーブルが右移動することによって，右リミットスイッチが ON になると，テーブルの動きは左移動に変わる。

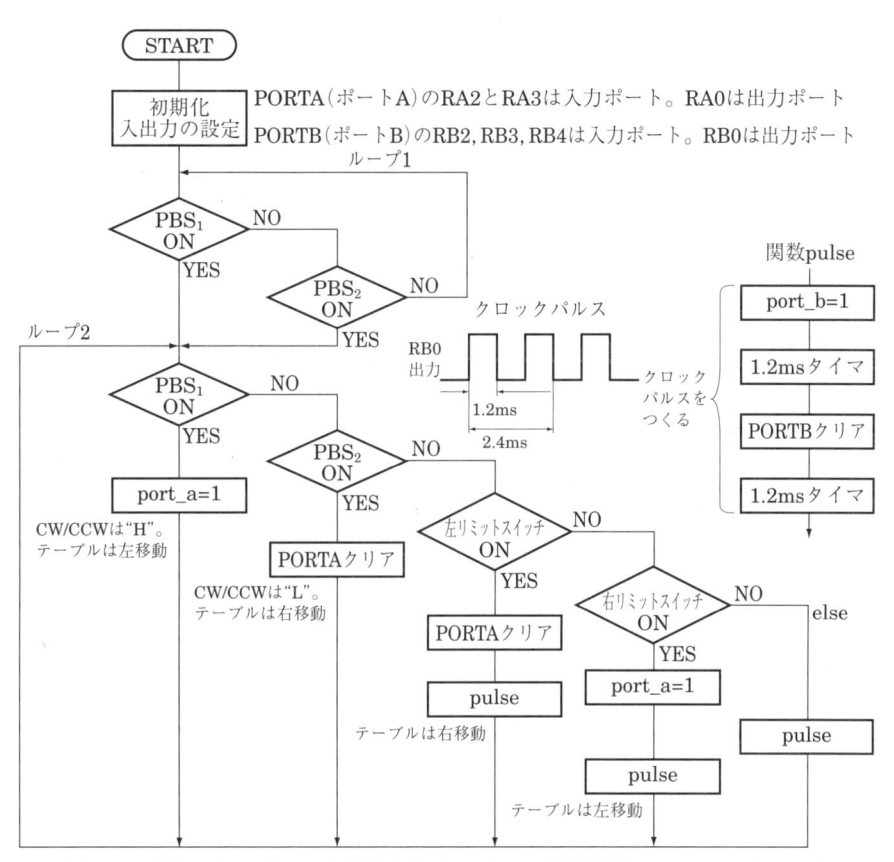

図2.8 リミットスイッチを利用したテーブルの往復移動1のフローチャート

プログラム2.3　リミットスイッチを利用したテーブルの往復移動1

```
#include <16f84a.h>
#fuses HS,NOWDT,NOPROTECT
#use delay(clock=10000000)
#byte port_a=5
#byte port_b=6
void pulse();      ……………………関数pulseは戻り値なしというプロトタイプ宣言
main()
{
```

2.3 リミットスイッチを利用したテーブルの往復移動　33

```c
  set_tris_a(0x0c);
  set_tris_b(0x1c);
  while(1)             ……………………………………………………ループ1
  {
    if(input(PIN_A2)==0)   …………………………………………PBS₁ ON
      break;
    else if(input(PIN_A3)==0)  ……………………………………PBS₂ ON
      break;
  }
  while(1)             ……………………………………………………ループ2
  {
    if(input(PIN_A2)==0)   …………………………………………PBS₁ ON
      port_a=1;
    else if(input(PIN_A3)==0)  ……………………………………PBS₂ ON
      port_a=0;
    else if(input(PIN_B4)==0)  ………………………左リミットスイッチON
    {
      port_a=0;
      pulse();
    }
    else if(input(PIN_B3)==0)  ………………………右リミットスイッチON
    {
      port_a=1;
      pulse();
    }
    else
      pulse();
  }
}
void pulse()         ………………………………………………戻り値なしの関数定義
{
  port_b=1;
  delay_us(1200);
  port_b=0;
  delay_us(1200);
}
```

● **解説**

void pulse();

 C言語の関数には，値を返すもの（いわゆる**ファンクション**）と値を返さないもの（いわゆる**サブルーチン**）がある。

 メインルーチンに先立って，pulseと名付けた関数は戻り値なしという**プロトタイプ宣言**をしている。プロトタイプ宣言とは，このプログラムではpulseという関数を使う。そして，この関数は値を返さないということを表明している。それには特別の名前voidを使う。

pulse();

 関数pulseを呼び出す。

void pulse()

　　{　　戻り値なしの関数pulseの本体

　　　⋮

　　}　　ここではクロックパルスをつくる

 プログラム2.4は，switch～case文を使用したリミットスイッチを利用したテーブルの往復移動2である。

プログラム2.4　リミットスイッチを利用したテーブルの往復移動2

```
#include <16f84a.h>
#fuses HS,NOWDT,NOPROTECT
#use delay(clock=10000000)
#byte port_a=5
#byte port_b=6
void pulse();
main()
{
  int a;
  set_tris_a(0x0c);
  set_tris_b(0x1c);
```

```
  while(1)
  {
    if(input(PIN_A2)==0)
    {
      a=10;
      break;
    }
    else if(input(PIN_A3)==0)
    {
      a=20;
      break;
    }
  }
  while(1)
  {
    switch(a)
    {
    case 10:
      if(input(PIN_A2)==0)
      {
        port_a=1;
        a=20;
        break;
      }
    case 20:
      if(input(PIN_A3)==0)
      {
        port_a=0;
        a=30;
        break;
      }
    case 30:
      if(input(PIN_B4)==0)
      {
        port_a=0;
        pulse();
        a=40;
```

```
      break;
    }
  case 40:
    if(input(PIN_B3)==0)
    {
      port_a=1;
      pulse();
      a=10;
      break;
    }
  default:
    pulse();
   }
  }
}
void pulse()
{
  port_b=1;
  delay_us(1200);
  port_b=0;
  delay_us(1200);
}
```

2.4 一軸制御装置の原点復帰と定位置自動移動

図 2.9 において，一軸制御装置の原点復帰の動作を述べよう。

原点復帰の動作

❶ 図(a)のように，送りねじを左回転させ，左リミットスイッチが ON になるまでテーブルを左移動させる。

❷ 左リミットスイッチが ON になったら，一時停止後，図(b)のようにステッピングモータを右回転させ，左リミットスイッチが OFF になるまでテーブルを右へ移動させる。

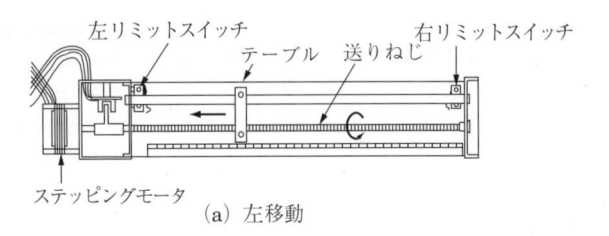

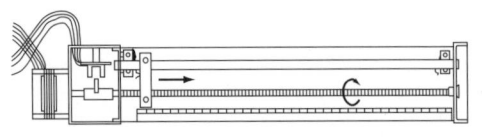

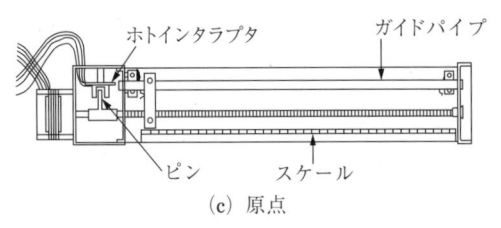

図中ラベル:
- (a) 左移動: 左リミットスイッチ, テーブル, 送りねじ, 右リミットスイッチ, ステッピングモータ
- (b) 右移動
- (c) 原点: ホトインタラプタ, ガイドパイプ, ピン, スケール

図 2.9　原点復帰の原理

❸ 左リミットスイッチが OFF 後，図(c)のように最初にピンがホトインタラプタを通過するところで，テーブルの移動を停止させる。この位置を原点とする。

定位置自動移動

　定位置自動移動とは，テーブルをスケールの決められた位置に自動的に移動させることである。これは**位置決め制御**になる。
　ステップ角 1.8° のステッピングモータを使用しているので，1 相励磁および 2 相励磁方式の場合，1 つのパルスで 1.8° 回転する。送りねじが 1 回転（360°）するのに必要なパルス数は，360°/1.8°＝200 となる。この 200 パルスでテーブルは 1mm 移動するので，テーブルを x〔mm〕移動させるのに必要なパルス数 N は $N=200x$ で計算できる。なお，1–2 相励磁方式では，ステップ角が 1/2 にな

るので，$N=400x$ となる．

このように，パルス数を決めることで定位置自動移動ができるが，今回はプログラムによる**減算カウンタ**を利用する．

送りねじが1回転すると，回転軸に取り付けたピンは，ホトインタラプタの溝（光軸）を1回通過する．すると，ホトインタラプタの出力は1回 ON／OFF し，この ON／OFF 1回について，設定値から**デクリメント**（−1）する．設定値が 150 とすると，150−1−1−1…−1＝0 のように，150回デクリメント（−1）すると結果は 0 になる．この結果 0 を捉え，デクリメント（−1）1回につき，テーブルは 1mm 移動するので，設定値 150mm の位置でテーブルを停止させることができる．

パルス数による定位置自動移動では，1相励磁および2相励磁方式より，1-2相励磁方式のほうがパルス数が2倍必要となる．今回のように，プログラムによる減算カウンタを利用した場合，励磁方式による位置決めの違いはない．

図 2.10 は，**原点復帰**と定位置自動移動のフローチャートである．プログラムをプログラム 2.5 に示す．

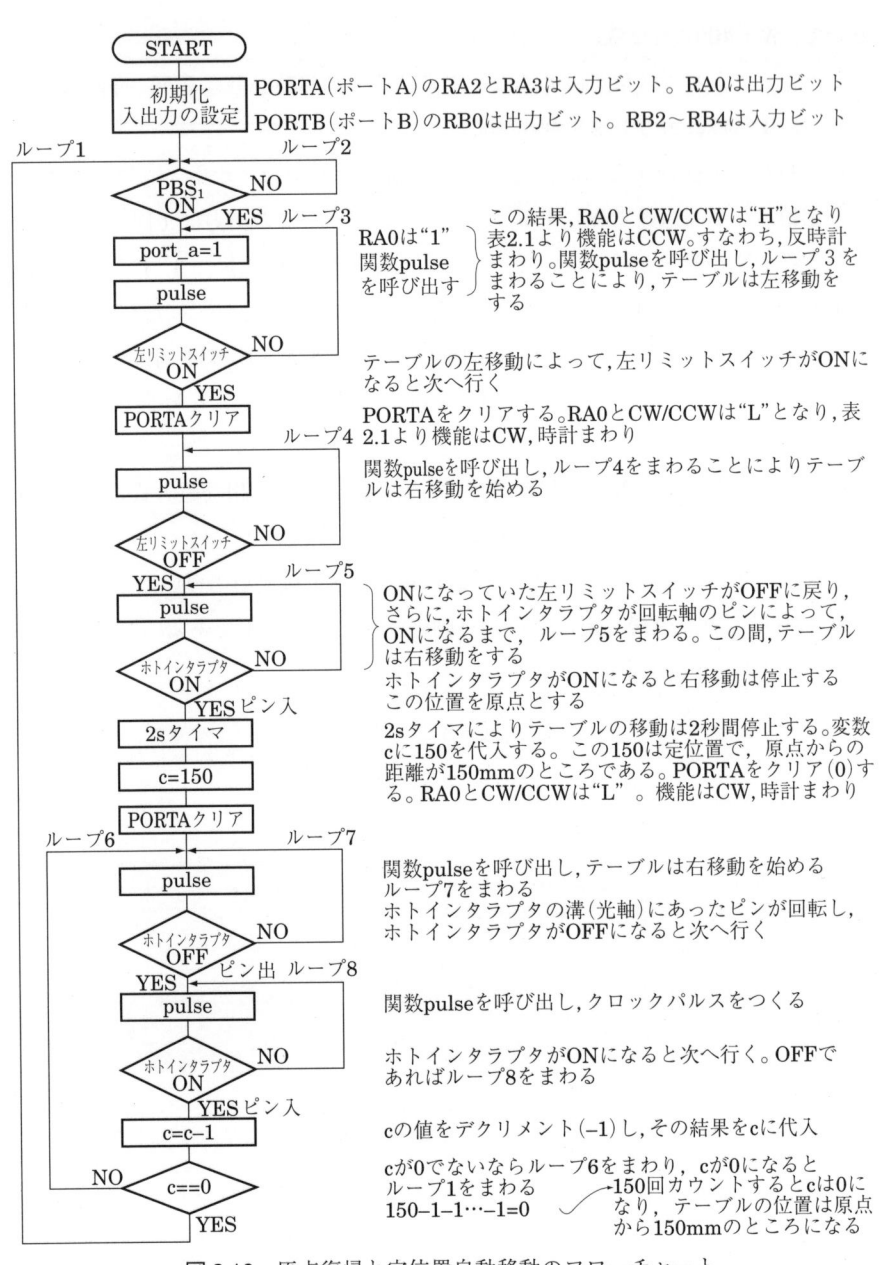

図2.10 原点復帰と定位置自動移動のフローチャート

初期化 入出力の設定: PORTA（ポートA）のRA2とRA3は入力ビット。RA0は出力ビット。PORTB（ポートB）のRB0は出力ビット。RB2～RB4は入力ビット

ループ2 / PBS₁ ON?: —

port_a=1 / pulse: RA0は"1"、関数pulseを呼び出す。この結果、RA0とCW/CCWは"H"となり、表2.1より機能はCCW。すなわち、反時計まわり。関数pulseを呼び出し、ループ3をまわることにより、テーブルは左移動をする

左リミットスイッチON?: テーブルの左移動によって、左リミットスイッチがONになると次へ行く

PORTAクリア: PORTAをクリアする。RA0とCW/CCWは"L"となり、表2.1より機能はCW、時計まわり

pulse（ループ4）: 関数pulseを呼び出し、ループ4をまわることによりテーブルは右移動を始める

左リミットスイッチOFF?: —

pulse（ループ5）/ホトインタラプタON?: ONになっていた左リミットスイッチがOFFに戻り、さらに、ホトインタラプタが回転軸のピンによって、ONになるまで、ループ5をまわる。この間、テーブルは右移動をする。ホトインタラプタがONになると右移動は停止する。この位置を原点とする

2sタイマ / c=150 / PORTAクリア: 2sタイマによりテーブルの移動は2秒間停止する。変数cに150を代入する。この150は定位置で、原点からの距離が150mmのところである。PORTAをクリア(0)する。RA0とCW/CCWは"L"。機能はCW、時計まわり

pulse（ループ7）: 関数pulseを呼び出し、テーブルは右移動を始める。ループ7をまわる

ホトインタラプタOFF?: ホトインタラプタの溝（光軸）にあったピンが回転し、ホトインタラプタがOFFになると次へ行く

pulse（ループ8）: 関数pulseを呼び出し、クロックパルスをつくる

ホトインタラプタON?: ホトインタラプタがONになると次へ行く。OFFであればループ8をまわる

c=c−1: cの値をデクリメント(−1)し、その結果をcに代入

c==0?: cが0でないならループ6をまわる、cが0になるとループ1をまわる。150−1−1…−1=0。150回カウントするとcは0になり、テーブルの位置は原点から150mmのところになる

図2.10 原点復帰と定位置自動移動のフローチャート

プログラム 2.5 原点復帰と定位置自動移動

```
#include <16f84a.h>
#fuses HS,NOWDT,NOPROTECT
#use delay(clock=10000000)
#byte port_a=5
#byte port_b=6
void pulse();
main()
{
  int c;
  set_tris_a(0x0c);
  set_tris_b(0x1c);
  while(1)                ……………………………………………………ループ1
  {
    while(1)              ……………………………………………………ループ2
    {
      if(input(PIN_A2)==0)  ………………………………………PBS₁ ON
        break;
    }
    while(1)              ……………………………………………………ループ3
    {
      port_a=1;
      pulse();
      if(input(PIN_B4)==0)  ……………………………左リミットスイッチ ON
        break;
    }
    port_a=0;
    while(1)              ……………………………………………………ループ4
    {
      pulse();
      if(input(PIN_B4)==1)  ……………………………左リミットスイッチ OFF
        break;
    }
    while(1)              ……………………………………………………ループ5
    {
```

2.4 一軸制御装置の原点復帰と定位置自動移動

```
      pulse();
      if(input(PIN_B2)==1)    ·················· ホトインタラプタ ON
        break;
    }
    delay_ms(2000);
    c=150;
    port_a=0;
    while(1)    ············································ ループ 6
    {
      while(1)    ·········································· ループ 7
      {
        pulse();
        if(input(PIN_B2)==0)    ·················· ホトインタラプタ OFF
          break;
      }
      while(1)    ·········································· ループ 8
      {
        pulse();
        if(input(PIN_B2)==1)    ·················· ホトインタラプタ ON
          break;
      }
      c=c-1;
      if(c==0)
        break;
    }
  }
}
void pulse()
{
  port_b=1;
  delay_us(1000);
  port_b=0;
  delay_us(1000);
}
```

3. センサ回路を利用した実用装置

センサは，人間の器官（視覚・聴覚・触覚・味覚・嗅覚）という感覚器官に相当し，センサが使用される機械内外のあらゆる情報，およびエネルギーの検出素子であり，その出力は電気信号に変換される。

センサで検出・変換された情報やエネルギーは，一般に微小なアナログ電気信号であり，増幅回路で増幅する必要がある。これには通常，オペアンプを使用する。このようにして，センサとオペアンプ回路が主にセンサ回路を構成する。

本章で取り上げる超音波センサと衝撃センサによる防犯装置と，ヒステリシス ON／OFF 温度制御は，どちらもセンサ回路の出力をディジタル値にすることができ，PIC 入力が可能になる。これらの装置は，PIC を使用しなくても製作できるが，PIC の使用により，より高度な実用装置になる。

本章で扱うプログラムは，while 文，if〜else 文によるループや分岐が中心であり，特に新しいものはない。この機会にプログラムとは別に，各センサ回路の動作原理について詳しく述べていくことにする。

3.1 超音波センサと衝撃センサによる防犯装置

3.1.1 超音波送信・受信回路

図 3.1 は超音波送信回路（ブザー・7 セグメント LED 回路を含む），図 3.2 は

超音波受信回路である．この回路の部品配置を図 3.3 と図 3.4 に示す．

図 3.1 の**超音波送信回路**は，プログラムで周波数 40kHz の方形波をつくり，トランジスタ駆動回路によって超音波送波器を駆動させている．このように，PIC を使用すると，**方形波発振回路**の働きをプログラムでつくることができる．

図 3.2 は，5V の単一電源で動作する**超音波受信回路**である．単一電源であるため，オペアンプの非反転入力端子（+in）の電位を電源電圧の 1/2 にバイアスしている．図 3.1 の超音波送波器から発射した超音波を，**超音波受波器**で直接受波する**直接方式**とし，人間や物体が超音波を遮断すると，超音波受信回路の出力は"H"になる．この出力信号を図 3.1 のセンサ入力 1 とする．

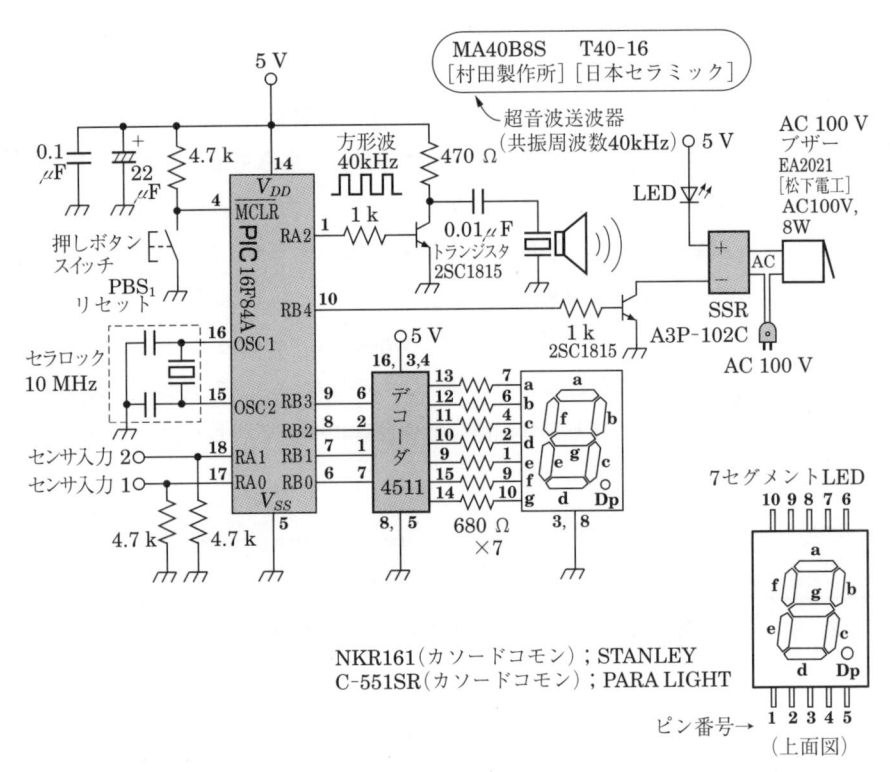

図 3.1 超音波送信回路（ブザー・7 セグメント LED 回路を含む）

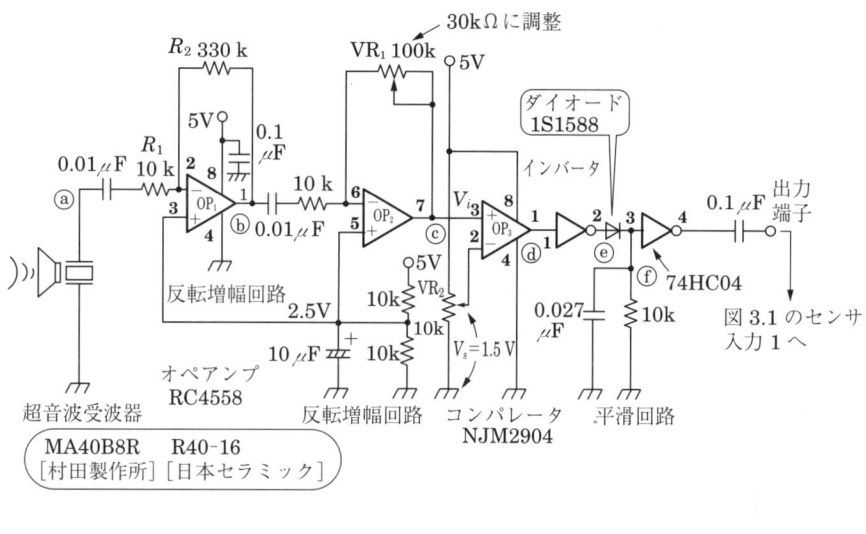

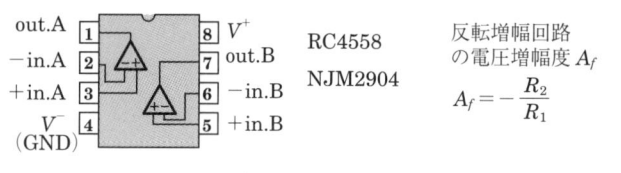

図 3.2 超音波受信回路

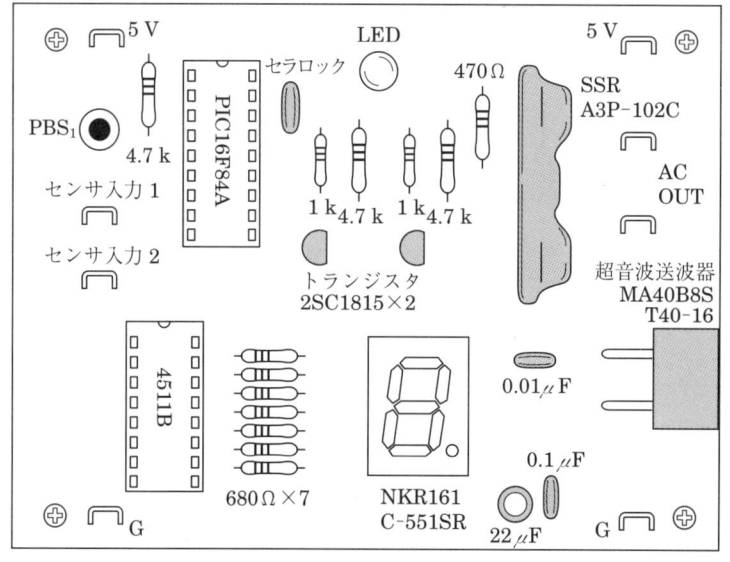

反転増幅回路の電圧増幅度 A_f

$$A_f = -\frac{R_2}{R_1}$$

図 3.3 超音波送信回路（ブザー・7セグメントLED回路を含む）の部品配置

3.1 超音波センサと衝撃センサによる防犯装置

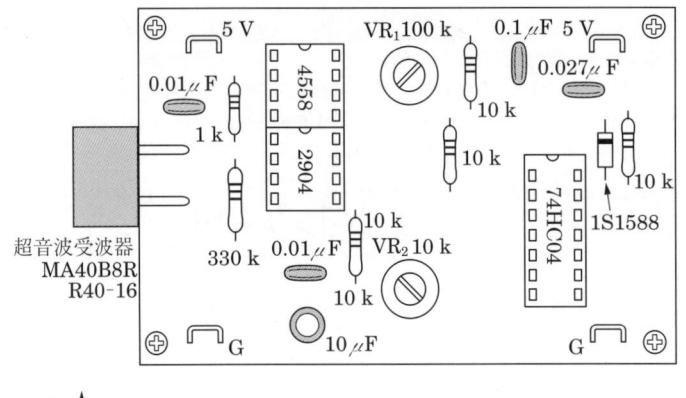

図 3.4 超音波受信回路の部品配置

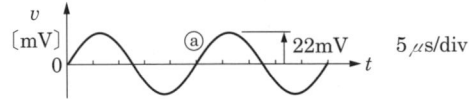

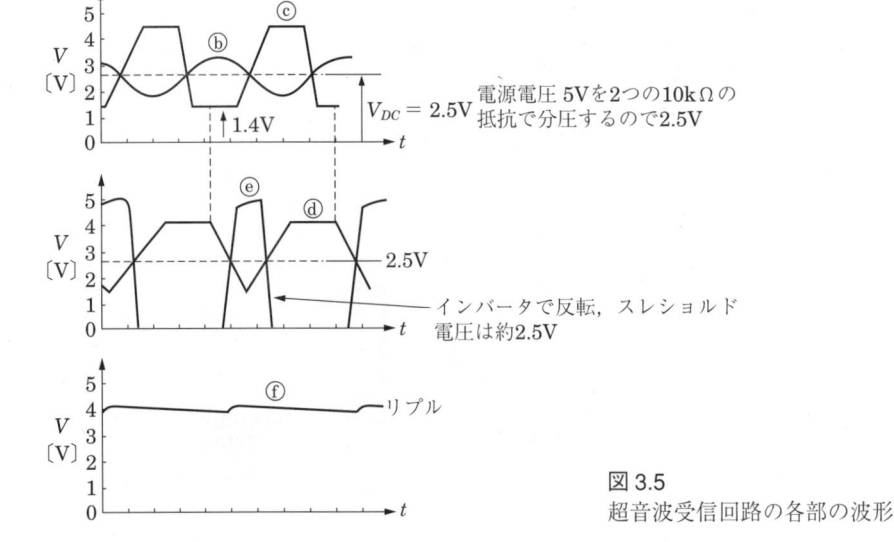

図 3.5 超音波受信回路の各部の波形

　この直接方式で，超音波送波器と超音波受波器との**検出距離**を 1m としたときの超音波受信回路の各部の波形を図 3.5 に示す．

　図 3.5 の実測波形を基に，図 3.2 の超音波受信回路の動作原理をみてみよう．

46　3. センサ回路を利用した実用装置

> **回路の動作**

❶ 受波器に入射した超音波は，周波数 40kHz，最大値 22mV の交流電圧に変換される（ⓐ点）。

❷ この交流電圧は，**オペアンプ OP₁ で反転増幅**され，出力の直流電圧 V_{DC} =2.5V に重畳する（ⓑ点）。

❸ さらに，オペアンプ OP₂ で反転増幅すると，OP₂ の出力電圧は飽和状態となり，波形がひずむ（ⓒ点）。検出距離を長くするには，OP₂ の電圧増幅度を大きくすればよく，100kΩ のボリューム VR₁ を調整して抵抗値を大きくする。

❹ **コンパレータの比較基準電圧** V_s は，10kΩ のボリューム VR₂ によって 1.5V にしてあり，コンパレータの入力電圧 V_i（ⓒ点）と比較される。

❺ コンパレータは，$V_i > V_s$ のとき，その出力電圧は高く，$V_i < V_s$ になると出力電圧は低くなろうとする。

❻ このため，V_i（ⓒ点）が 1.5V より小さくなると，コンパレータの出力電圧（ⓓ点）は低下するようになる。周波数（40kHz）が高いので，ⓒ点の波形に対し，ⓓ点の波形は遅れ位相になっている。

❼ 次段の**インバータは反転器**であり，出力の論理が反転するときの入力電圧を**スレショルド電圧**という。このスレショルド電圧が約 2.5V なので，インバータの出力電圧（ⓔ点）は，入力（ⓓ点）の波形に対し，2.5V で反転する。

❽ インバータの出力電圧（ⓔ点）は，40kHz のパルスとなり，**ダイオードを介して，RC の平滑回路で直流電圧（ⓕ点）になる**。この直流電圧は**リプル**がある。

❾ このⓕ点の直流電圧を最終段のインバータで反転し，出力は "L" の 0V になる。

❿ これまで述べてきたことは，送波器と受波器との間に何も物体がなく，送波器からの超音波が受波器に入射している状態である。

❶ したがって，送波器と受波器とを結んでいる超音波が，人間や物体によって遮断されると，最終段のインバータ出力は反転し，"H"の5Vになる。

❷ この出力電圧が CR の微分回路を介してパルスをつくり，図3.1のセンサ入力1となる。

3.1.2 衝撃検知回路

図3.6は，衝撃センサ PKS1-4A1 を使用した**衝撃検知回路**である。この回路の部品配置を図3.7に示す。

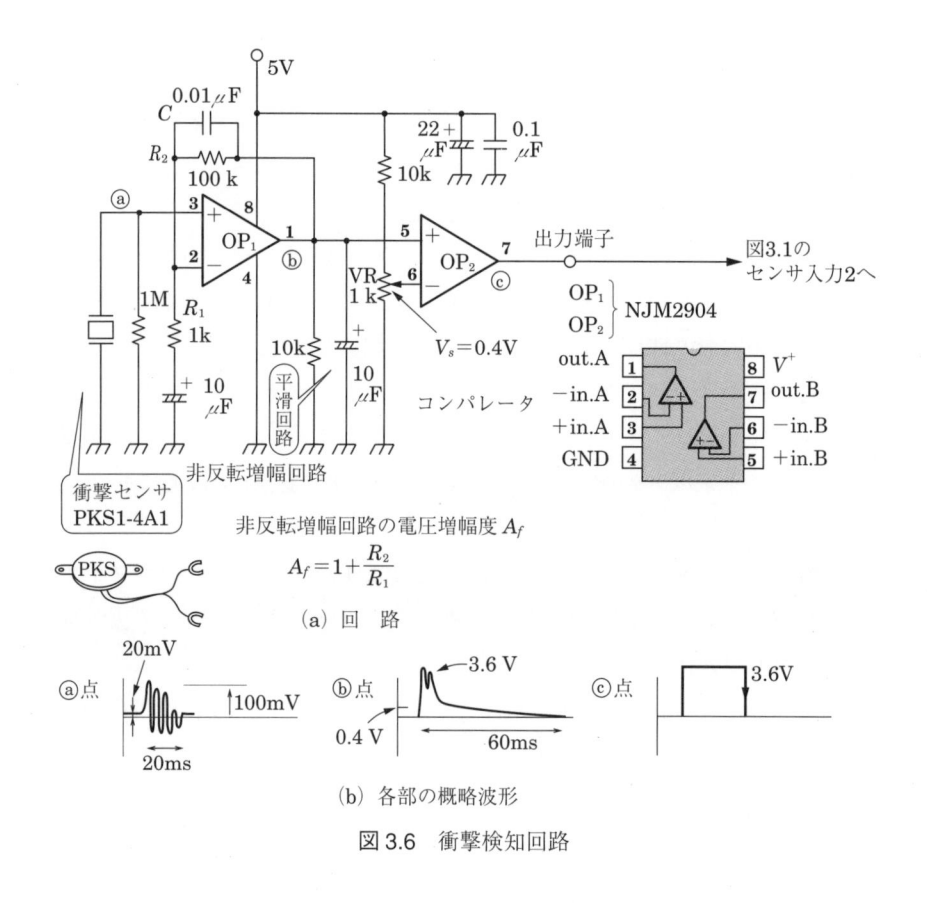

(a) 回路

非反転増幅回路の電圧増幅度 A_f

$$A_f = 1 + \frac{R_2}{R_1}$$

(b) 各部の概略波形

図3.6 衝撃検知回路

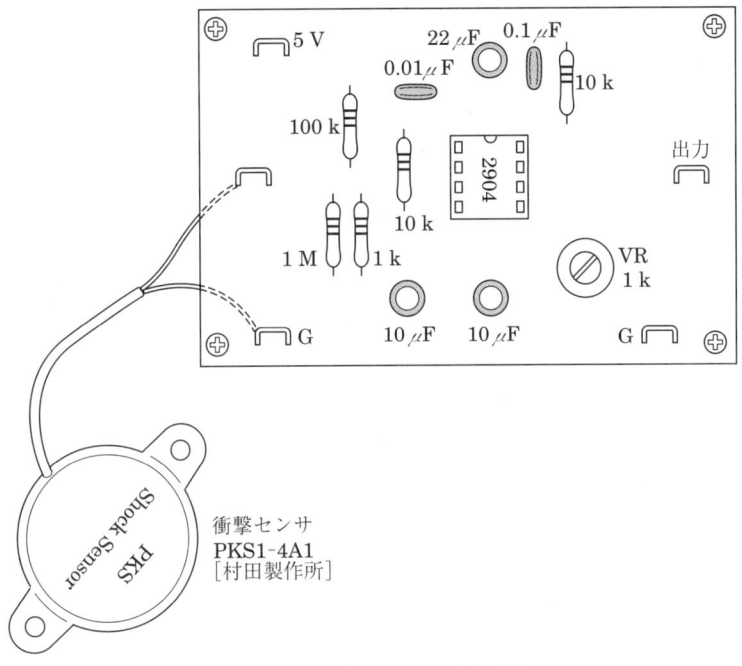

図3.7 衝撃検知回路の部品配置

図3.6(b)の各部の概略波形を基に，図(a)の回路の動作原理をみてみよう。

回路の動作

❶ センサ部に衝撃が加わると，**圧電直接効果**によって，ⓐ点には多くの周波数成分を含んだ交流電圧が発生する。

❷ OP_1 の**非反転（交流）増幅回路**により，ⓐ点の交流電圧は増幅されるが，ⓐ点は 0 バイアスになっているため，正方向の交流電圧だけが増幅される。

❸ この非反転増幅回路は**ローパスフィルタ**の働きもあり，高い周波数成分をカットする。遮断周波数 f_c は次のように計算できる。

$$f_c = \frac{1}{2\pi C R_2} = \frac{1}{2\times 3.14 \times 0.01 \times 10^{-6} \times 100 \times 10^3} \fallingdotseq 159 \,[\text{Hz}]$$

3.1 超音波センサと衝撃センサによる防犯装置

❹ OP_1 の出力側には**平滑回路**があるため，ⓑ点の波形は図のようになる。

❺ コンパレータ OP_2 の**比較基準電圧**は $V_s=0.4V$ になっている。ⓑ点，ⓒ点の波形に示すように，ⓑ点の電位が $0.4V$ を超えてから $0.4V$ 以下に下がると，コンパレータの出力側のⓒ点にパルスが発生する。このパルスが図 3.1 のセンサ入力 2 となる。

❻ このセンサ回路の感度を上げるには，ボリューム VR を調整して V_s の値を小さくすればよい。

3.1.3 防犯装置のプログラム

図 3.1 の超音波送信回路，図 3.2 の超音波受信回路，図 3.6 の衝撃検知回路によって**防犯装置**をつくる。

この防犯装置は，異常がない場合，7 セグメント表示器は 0 を表示し，ブザーは停止している。センサ入力 1 があると，7 セグメント表示器は 1 を表示し，ブザーは鳴る。センサ入力 2 があると，7 セグメント表示器は 2 を表示し，ブザー

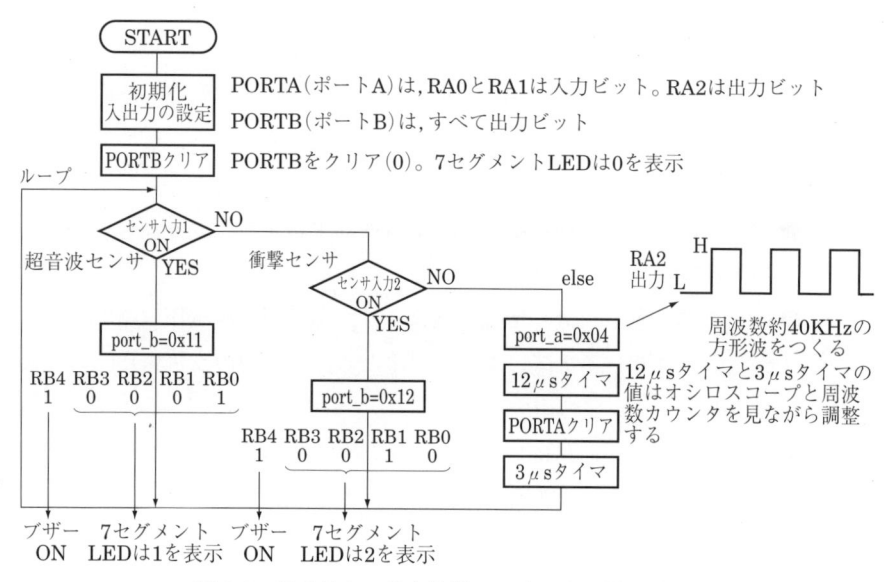

図 3.8 超音波センサと衝撃センサによる防犯装置

は鳴る。押しボタンスイッチ PBS_1 の ON によってリセットする。

図 3.8 は，超音波センサと衝撃センサによる防犯装置のフローチャートである。このプログラムをプログラム 3.1 に示す。

プログラム 3.1　超音波センサと衝撃センサによる防犯装置

```
#include <16f84a.h>
#fuses HS,NOWDT,NOPROTECT
#use delay(clock=10000000)
#byte port_a=5
#byte port_b=6
main()
{
  set_tris_a(0x03);
  set_tris_b(0);
  port_b=0;
  while(1)                                    ……………………ループ
  {
    if(input(PIN_A0)==1)     ………………………センサ入力1 ON
      port_b=0x11;
    else if(input(PIN_A1)==1) ………………………センサ入力2 ON
      port_b=0x12;
    else
    {
      port_a=0x04;
      delay_us(12);
      port_a=0;
      delay_us(3);
    }
  }
}
```

3.2　ヒステリシス ON／OFF 温度制御

図 3.9 は，IC 化温度センサ LM35 を使用したヒステリシス ON／OFF 温度制御である。LM35 は，1℃ 当たり 10.0mV という温度に比例した電圧を出力するため，例えば，40℃ における出力電圧は，40×10.0mV＝0.40V になる。この 0.40V を電圧増幅度 A_f＝10 の非反転増幅回路で増幅し，出力電圧＝0.40×10＝4.0V を得る。これがヒステリシスコンパレータの入力電圧 V_i になる。

後述するが，設定温度を 50℃ とすると，8 ビット D–A 変換回路の出力電圧は 5.0V になる。この 5.0V がヒステリシスコンパレータの比較基準電圧 V_s になる。

ヒステリシスコパレータは，ヒステリシス特性があるため，比較基準電圧 V_s より少しだけ入力電圧 V_i が高くなると，出力電圧は"H"となり，その後，V_i が低下し，V_s より少しだけ V_i が低くなると，出力電圧は"L"になる。このヒステリシスコンパレータの出力電圧を分圧回路で分圧し，PIC の RA1 入力としている。

図 3.9 において，IC 化温度センサ LM35 の温度が室温のとき，押しボタンスイッチ PBS_1 の ON で熱源である白熱電球は点灯し，温度センサの温度を上昇させる。設定温度を 50℃ とすると，センサ温度が 50℃ を超え 50.4℃ になると，白熱電球は消灯する。温度が下がり，49.8℃ になると，白熱電球は再び点灯する。この繰り返しで，センサ温度は 49.8～50.4℃ のヒステリシスをもつ。

このようにして，与えられた空間の温度制御をすることができる。50℃ という温度設定は，8 ビット D–A 変換回路への PORTB 出力で設定できる。押しボタンスイッチ PBS_2 の ON でリセットする。

図 3.10 に部品配置を示す。

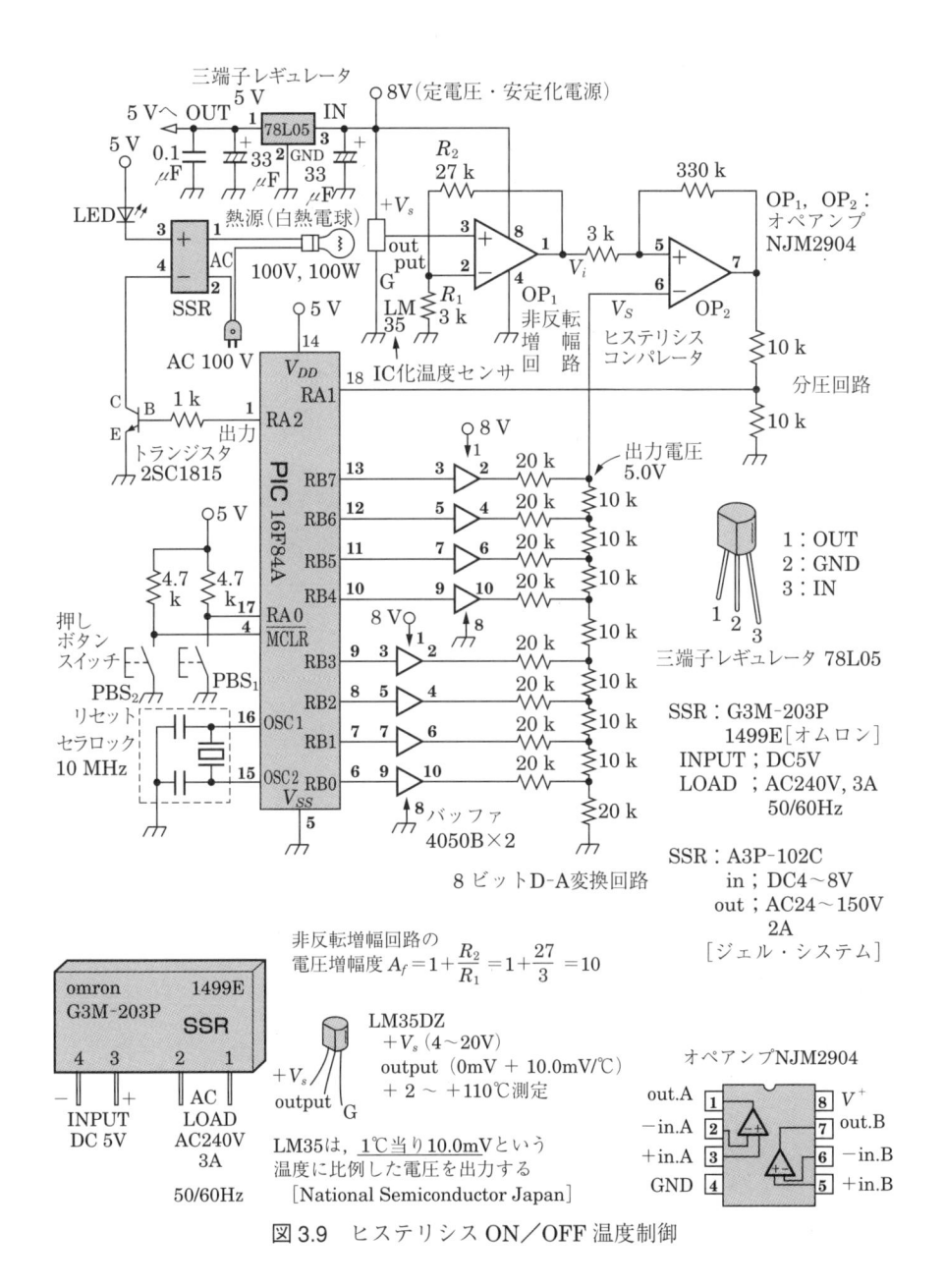

図 3.9 ヒステリシス ON／OFF 温度制御

非反転増幅回路の電圧増幅度 $A_f = 1 + \dfrac{R_2}{R_1} = 1 + \dfrac{27}{3} = 10$

LM35DZ
$+V_s$ (4〜20V)
output (0mV + 10.0mV/℃)
+2 〜 +110℃測定

LM35は，1℃当り10.0mVという温度に比例した電圧を出力する
[National Semiconductor Japan]

三端子レギュレータ 78L05
1：OUT
2：GND
3：IN

SSR：G3M-203P
1499E［オムロン］
INPUT；DC5V
LOAD ；AC240V, 3A
50/60Hz

SSR：A3P-102C
in；DC4〜8V
out；AC24〜150V
2A
［ジェル・システム］

omron 1499E
G3M-203P
SSR
4 3 2 1
− + AC LOAD
INPUT AC240V
DC 5V 3A
50/60Hz

オペアンプ NJM2904
out.A — V^+
−in.A — out.B
+in.A — −in.B
GND — +in.B

3.2 ヒステリシス ON／OFF 温度制御

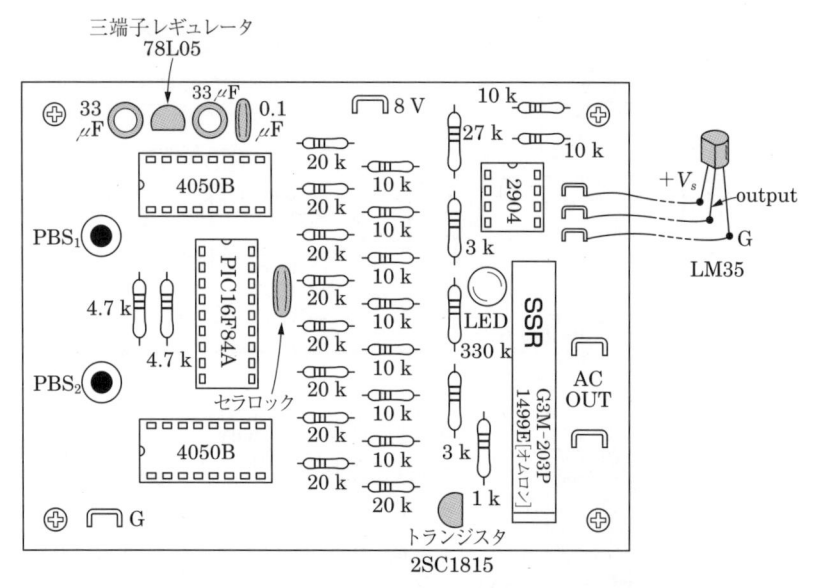

図3.10 ヒステリシスON／OFF制御の部品配置

8ビットD-A変換回路の出力電圧は，次式から求めることができる．

$$出力電圧 = 7.94^* \times \left(\frac{1}{2}B_7 + \frac{1}{4}B_6 + \frac{1}{8}B_5 + \frac{1}{16}B_4 + \frac{1}{32}B_3 \right.$$

7ビット目　6ビット目

$$\left. + \frac{1}{64}B_2 + \frac{1}{128}B_1 + \frac{1}{256}B_0 \right)$$

1ビット目　0ビット目

$$= 7.94 \times \frac{128B_7 + 64B_6 + 32B_5 + 16B_4 + 8B_3 + 4B_2 + 2B_1 + B_0}{256} \text{ [V]}$$

＊バッファ出力電圧：バッファ4050Bの電源電圧が8.00Vのとき，バッファ出力電圧は7.94Vになる．この7.94Vを一定電圧にするため，バッファの電源電圧は8.0Vの定電圧・安定化電源が必要となる．8.0V出力の三端子レギュレータの使用も考えられる．

例えば，PORTB 出力が 1010 0001 の場合，

$$出力電圧 = 7.94 \times \frac{128 \times 1 + 64 \times 0 + 32 \times 1 + 16 \times 0 + 8 \times 0 + 4 \times 0 + 2 \times 0 + 1}{256}$$

$$= 7.94 \times \frac{161}{256} = 4.99 ≒ 5.0 \ [V]$$

この出力電圧＝5.0Vは，ヒステリシスコンパレータの比較基準電圧 V_s となり，50℃ という設定温度を決める。

表 3.1 は，設定温度と PORTB 出力の値である。

図 3.11 は，ヒステリシス ON／OFF 温度制御のフローチャートである。プログラムをプログラム 3.2 に示す。

表 3.1 設定温度と PORTB 出力

設定温度〔℃〕	出力電圧〔V〕	PORTB 出力	PORTB 出力 16 進数
40	4.0	1000 0001	81
45	4.5	1001 0001	91
50	5.0	1010 0001	A1
55	5.5	1011 0001	B1
60	6.0	1100 0001	C1
65	6.5	1101 0001	D1

```
                    START
                      │
              ┌───────▼───────┐
              │   初期化       │   PORTA(ポートA)は,RA0とRA1は入力ビット
              │  入出力の設定  │
              └───────┬───────┘   PORTB(ポートB)は,すべて出力ビット
              ┌───────▼───────┐
              │ PORTA         │
              │ PORTB  クリア │   PORTA,PORTBをクリア(0)
              └───────┬───────┘
                      │              ループ1
              ┌───────▼───────┐  NO
              │   PBS₁ ON     ├──────┐
              └───────┬───────┘      │
                    YES              │
              ┌───────▼───────┐      │
              │ port_b=0xa1   │      │
              └───────┬───────┘      │
                      │              │
                  ループ2            │
              ┌───────▼───────┐  NO(ヒステリシスコンパレータON)
              │    RA1 0 ?    ├──────────┐
              └───────┬───────┘          │
                    YES                 else
              ┌───────▼───────┐    ┌─────▼──────┐
              │ port_a=0x04   │    │ PORTAクリア │   白熱電球消灯
              └───────────────┘    └────────────┘
```

0xa1(10100001)をPORTBから出力し,8ビットD-A変換回路の入力とする。その結果,D-A変換回路の出力電圧は5.0Vになる。この5.0Vがヒステリシスコンパレータの比較基準電圧V_Sになる。設定温度は50℃

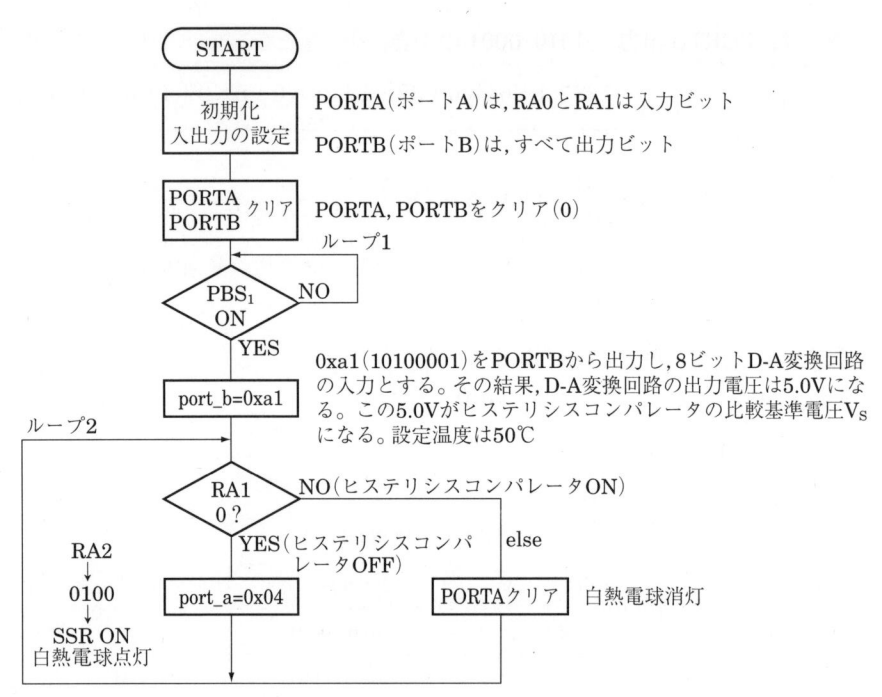

RA2
↓
0100
SSR ON
白熱電球点灯

図3.11　ヒステリシス ON／OFF 温度制御のフローチャート

プログラム 3.2 ヒステリシス ON／OFF 温度制御

```
#include <16f84a.h>
#fuses HS,NOWDT,NOPROTECT
#byte port_a=5
#byte port_b=6
main()
{
  set_tris_a(0x03);
  set_tris_b(0);
  port_a=0;
  port_b=0;
  while(1)                                       ……ループ1
  {
    if(input(PIN_A0)==0)      ……PBS₁ ON
      break;
  }
  port_b=0xa1;
  while(1)                                       ……ループ2
  {
    if(input(PIN_A1)==0)      ……RA1 入力 0
      port_a=0x04;
    else
      port_a=0;
  }
}
```

4.
単相誘導モータの正転・逆転制御

　　　　従来から，単相および三相誘導モータの正転・逆転制御には，電磁接触器を使用したリレーシーケンス回路が利用されている。また，リバーシブルモータの正転・逆転制御には，SSRを2つ使用し，マイコン制御によって進相用コンデンサを，2つある主巻線 L_1，L_2 のどちらにつなぐかによって，正転・逆転制御をしている。この方法は単相誘導モータでも可能であるが，単相誘導モータの場合，主巻線と補助巻線があるので，逆転時のトルクが小さくなる欠点ある。

　　本章では，PICによって単相誘導モータのリレーシーケンス回路を制御し，正転・逆転制御を行う。この方法では，正転・逆転時のトルクは同じである。このPIC制御は，次のような特徴ある。

1) 電磁接触器の代わりにリレーを使用し，SSRも2つ使用するが，回路構成は簡単になる。
2) プログラムにより，タイマの働きをつくるので，タイマ装置がいらなくなる。
3) 各種センサ出力を受け入れることにより，次章のベルトコンベヤの制御に発展できる。

4.1　単相誘導モータの正転・逆転回路

　図4.1は単相誘導モータの正転・逆転回路であるが，リレー R_1・R_2 のON／OFFを制御するのにPICを利用する。図4.1には，3組のa接点をもった2つのリレーを使用しているように記されているが，実際にはもう1組のb接点をもったリレーを使用する。これは図4.2に示すように，リレー R_1 のコイルと直

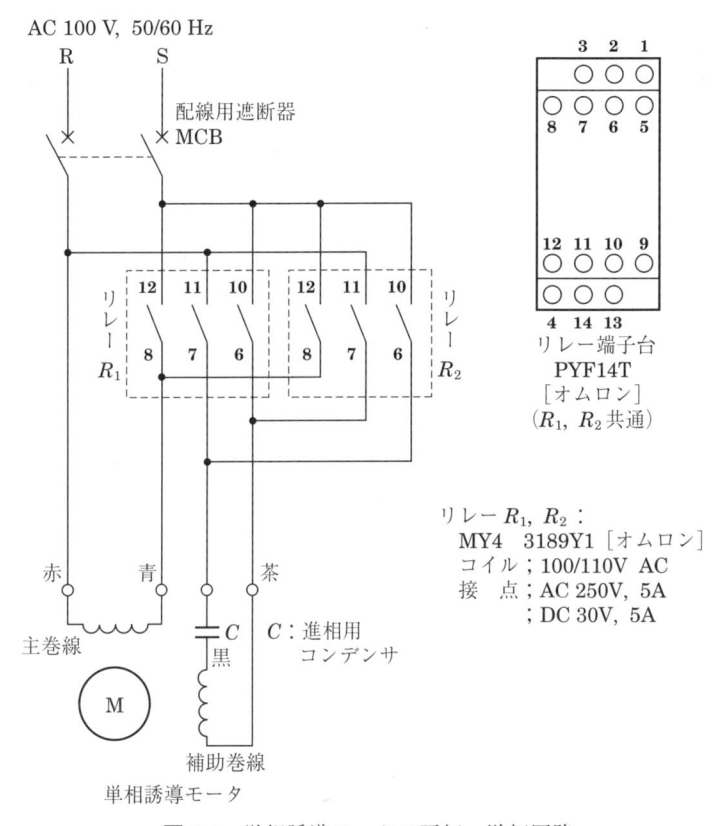

図4.1 単相誘導モータの正転・逆転回路

列にリレー R_2 の b 接点，リレー R_2 コイルと直列にリレー R_1 の b 接点を接続し，**インタロック回路**にするからである。

図 4.2 は，PIC で制御する単相誘導モータの正転・逆転回路である。PIC の RB2～RB5 ピンは，センサ入力ピンとして，5 章のベルトコンベヤの制御で使用する。単相誘導モータの正転・逆転を切り替えるリレーのコイル電圧は，AC100V である。このため，AC 負荷用の SSR を使用する。

トランジスタの ON／OFF 制御によって SSR は ON／OFF 動作をし，同時にリレーのコイルを ON／OFF させている。リレーのコイルはインダクタンス成

分を含むため，スイッチングの **OFF** 時に高い **サージ電圧** を発生する．リレーのコイルと並列に **バリスタ** を入れてあるのは，サージ電圧を抑制するためである．

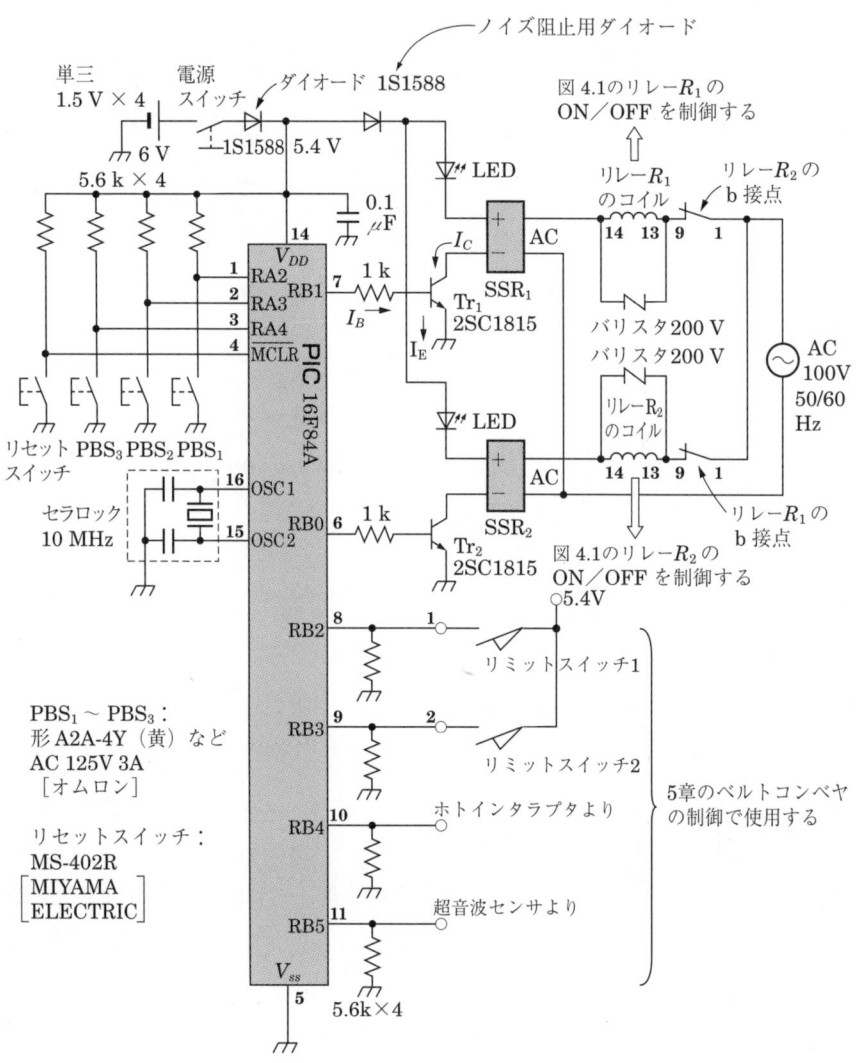

図 4.2 PIC で制御する単相誘導モータの正転・逆転回路

SSR : A3P-102C［ジュル・システム］in DC4～8 V, out AC24～150 V, 2 A

図 4.2 の回路の直流電源には，単三乾電池 4 本（DC6V）を使用する。DC6V と PIC の電源端子 V_{DD} との間にダイオードを接続し，ダイオードの電圧降下約 0.6V を利用して，PIC の電源電圧を調整している。また，ノイズ阻止用ダイオードは，AC 負荷側からのノイズが PIC に入らないようにしている。

図 4.3 は，PIC で制御する単相誘導モータの正転・逆転回路基板の部品配置と全体の外観である。

ここで，回路の動作をみてみよう。

回路の動作

❶ 押しボタンスイッチ PBS_1 ON で，ポート B 出力 RB0 を "L" とし，0.5 秒後に RB1 を "H" にする。0.5 秒は組込み関数 delay_ms(time) を利用してつくる。

❷ RB1 の出力電圧により，トランジスタ Tr_1 にベース電流 I_B が流れ，電流増幅されたコレクタ電流 I_C が，LED，SSR_1 の＋，－端子間，および Tr_1 に流れる。$I_B + I_C$ はエミッタ電流 I_E になる。

❸ すると，SSR_1 は ON 状態になり，AC100V 電源から，リレー R_2 の b 接点，リレー R_1 のコイル，SSR_1 の AC 回路に電流が流れる。

❹ リレー R_1 が ON になると，図 4.1 のリレー R_1 の 3 つの a 接点は閉じるので，単相誘導モータは正転する。

❺ 単相誘導モータが正転しているときに，RBS_2 を ON にする。

❻ すると，ポート B 出力 RB1 は "L" となり，0.5 秒後に RB0 は "H" になる。

❼ ❷，❸ と同様にして，RB0 の出力電圧により，Tr_2 と SSR_2 は ON となり，リレー R_2 は ON になる。

❽ リレー R_1 は OFF，リレー R_2 は ON になるので，図 4.1 のリレー R_1 の 3 つの a 接点は開き，リレー R_2 の 3 つの a 接点は閉じる。単相誘導モータは逆転する。

❾ PBS_3 ON で単相誘導モータは停止する。また，リセットスイッチも同

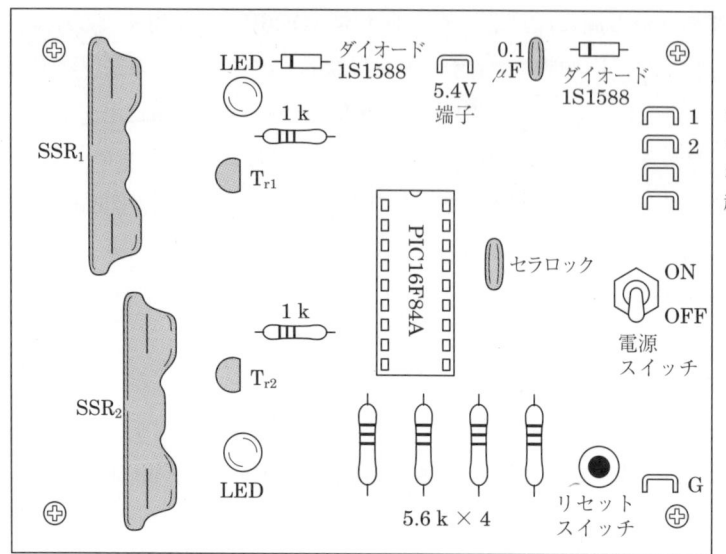

(a) 部品配置

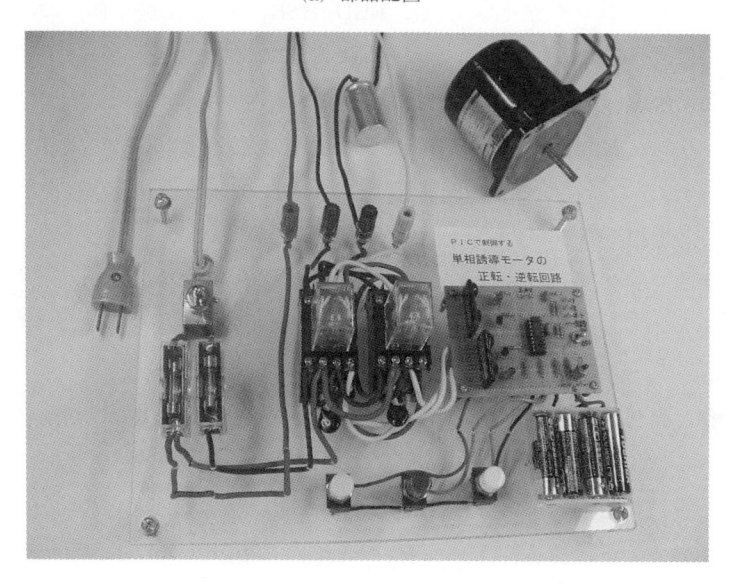

(b) 全体の外観

図 4.3 PICで制御する単相誘導モータの正転・逆転回路基板

じ働きをする。

❿ リレー R_1 のコイルと直列のリレー R_2 の b 接点，リレー R_2 のコイルと直列のリレー R_1 の b 接点は，互いにインタロックをかけている。

4.2　単相誘導モータの正転・逆転回路のプログラム

図 4.4 は，単相誘導モータの正転・逆転回路のフローチャートであり，プログラムをプログラム 4.1 に示す。

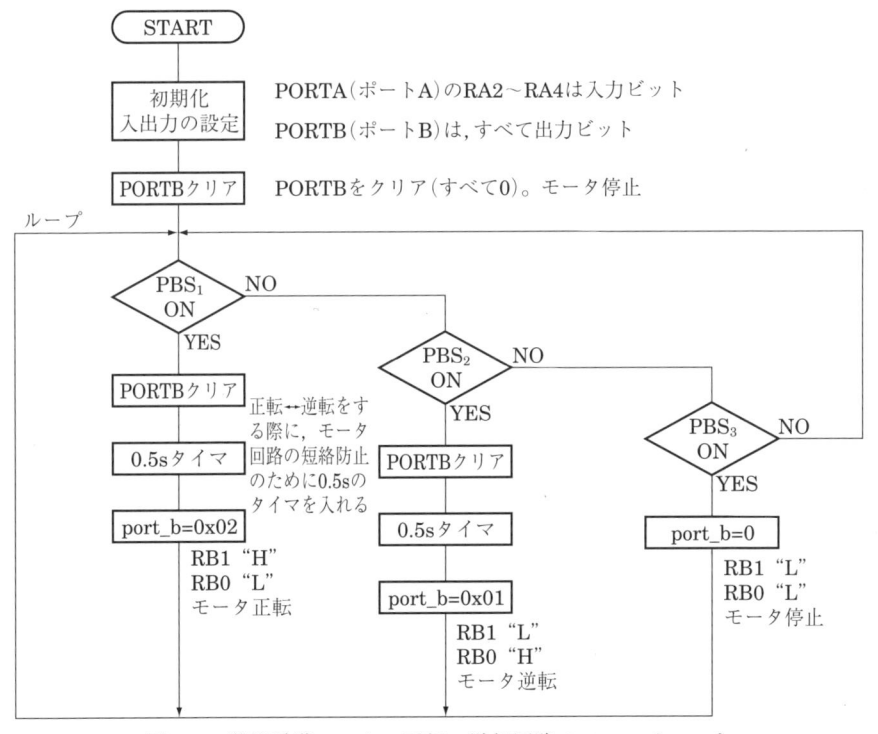

```
START
  │
  ▼
初期化        PORTA(ポートA)のRA2～RA4は入力ビット
入出力の設定   PORTB(ポートB)は，すべて出力ビット
  │
  ▼
PORTBクリア   PORTBをクリア(すべて0)。モータ停止
  │
ループ
  ▼
PBS1 ON ── NO ──┐
  │ YES         │
  ▼             ▼
PORTBクリア    PBS2 ON ── NO ──┐
  │             │ YES          │
  ▼             ▼              ▼
0.5sタイマ    PORTBクリア     PBS3 ON ── NO ──┐
  │             │              │ YES          │
  ▼             ▼              ▼              │
port_b=0x02   0.5sタイマ      port_b=0        │
RB1 "H"        │              RB1 "L"         │
RB0 "L"        ▼              RB0 "L"         │
モータ正転    port_b=0x01     モータ停止       │
               RB1 "L"
               RB0 "H"
               モータ逆転
```

正転↔逆転をする際に，モータ回路の短絡防止のために 0.5s のタイマを入れる

図 4.4　単相誘導モータの正転・逆転回路のフローチャート

プログラム 4.1 単相誘導モータの正転・逆転回路

```c
#include <16f84a.h>
#fuses HS,NOWDT,NOPROTECT
#use delay(clock=10000000)
#byte port_b=6
main()
{
  set_tris_a(0x1c);
  set_tris_b(0);
  port_b=0;
  while(1)                                         ………………ループ
  {
    if(input(PIN_A2)==0)          ……………………………PBS₁ ON
    {
      port_b=0;
      delay_ms(500);
      port_b=0x02;
    }
    else if(input(PIN_A3)==0)     ……………………………PBS₂ ON
    {
      port_b=0;
      delay_ms(500);
      port_b=0x01;
    }
    else if(input(PIN_A4)==0)     ……………………………PBS₃ ON
      port_b=0;
  }
}
```

5.
ベルトコンベヤを利用した各種の制御

　本章では，教材用に開発したベルトコンベヤとその周辺装置を用いて，PIC による各種の制御を試みる。これには，4 章で使用した単相誘導モータの正転・逆転回路を利用する。制御実験の内容は，大きく分けて次の 3 つになる。

　1)　ベルトコンベヤ（単相誘導モータ）の寸動運転，繰返し運転制御，一時停止制御
　2)　ベルトコンベヤの正転・逆転回数制御，簡易位置決め制御
　3)　ベルトコンベヤを自動ドア，シャッタに見立てた運転制御

　以上のように，ベルトコンベヤとその周辺装置を利用した制御実験は，変化に富んだ興味深いものになる。また，センサ回路を利用した AC モータの実用制御回路として応用できる。

　プログラムの内容は，1 章～4 章で取り上げたものが大部分なので，回路の動作はわかりやすい。

5.1　ベルトコンベヤ

　図 5.1 は，教材として製作したベルトコンベヤであり，PIC 制御の対象物として最適である。このベルトコンベヤは，全長 53.4cm，幅 14.5cm，高さ 12.5cm の大きさで，幅 10cm，円周 100cm の搬送ベルトをもっている。駆動には**単相誘導モータ**（日本サーボ製 IH6PF6N，ギヤヘッド 6H25F，減速比 1：25）を取り付け，ジュラコン歯車（モータ側歯数 56 対駆動ローラ側歯数 64，減速比約 1：1.14）を介して，搬送ベルトにより被動ローラに回転を伝達している。このため，モータの回転速度が 50Hz で 1 460rpm とすると，ギヤヘッドの出力軸お

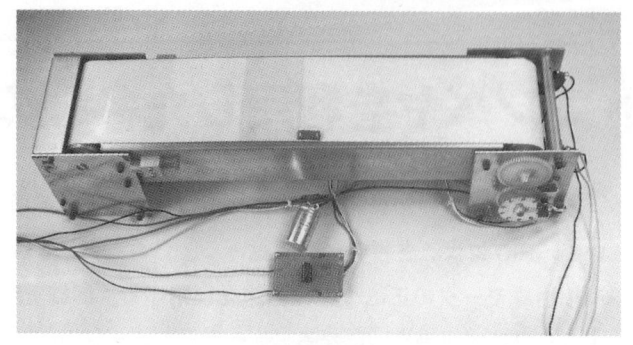

(a) 上から見た外観

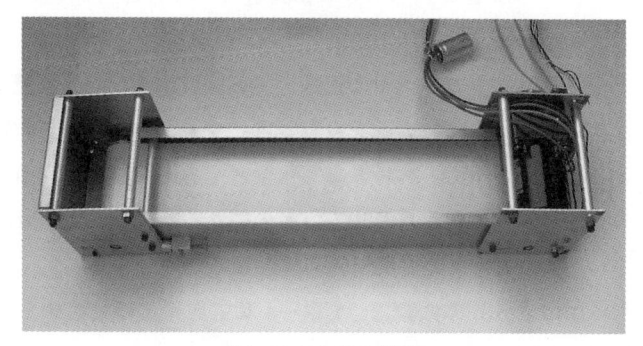

(b) 下から見た外観

図 5.1 ベルトコンベヤ

よび駆動ローラの回転速度は次のようになる。

$$\text{ギヤヘッドの出力軸の回転速度} = \frac{1\,460}{25} = 58.4 \ [\text{rpm}]$$

$$\text{駆動ローラの回転速度} = \frac{58.4}{1.14} \fallingdotseq 51.2 \ [\text{rpm}]$$

このベルトコンベヤの材質は，主にアルミニウムである。図 5.2 は，製作したテンションガイドとテンション駒を用いて，六角ボルトによって搬送ベルトにテンションを加えている様子を示す。

単相誘導モータ IH6PF6N の仕様，連続定格を表 5.1 に示す。

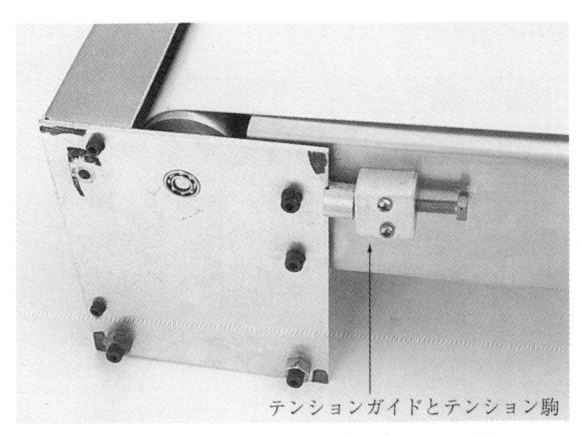

図5.2 テンションガイドとテンション駒

表5.1 単相誘導モータ　IH6PF6N の仕様，連続定格

出力 〔W〕	電圧 〔V〕	周波数 〔Hz〕	定格					起動トルク		コンデンサ 〔μF〕
			入力 〔W〕	電流 〔mA〕	トルク		回転数 〔rpm〕	トルク		
					〔gf·cm〕	〔N·m×10⁻⁴〕		〔gf·cm〕	〔N·m×10⁻⁴〕	
6	単相 100	50 60	30 30	300 300	450 370	440 360	1 250 1 550	450 450	440 440	1.2

〔出典：日本サーボ総合カタログ，'96/'97〕

5.2　ドッグとリミットスイッチ

　ベルトコンベヤを利用した各種の制御では，ベルトに取り付けたドッグと，ドッグによって ON／OFF 動作をするリミットスイッチが必要となる。図5.3 は，ドッグとリミットスイッチの位置関係を示す。ベルトの正転方向右側にドッグ 1，ベルトを半周した左側にドッグ 2 を取り付ける。2 つのドッグの位置は，図のように上下，そして左右逆にある。ドッグの材料は皮革で，20×8×2mm の大きさにし，糸でコンベヤのベルトに縫い込んである。

　リミットスイッチは，図のように正転方向側の端にあり，向かって左右に取り

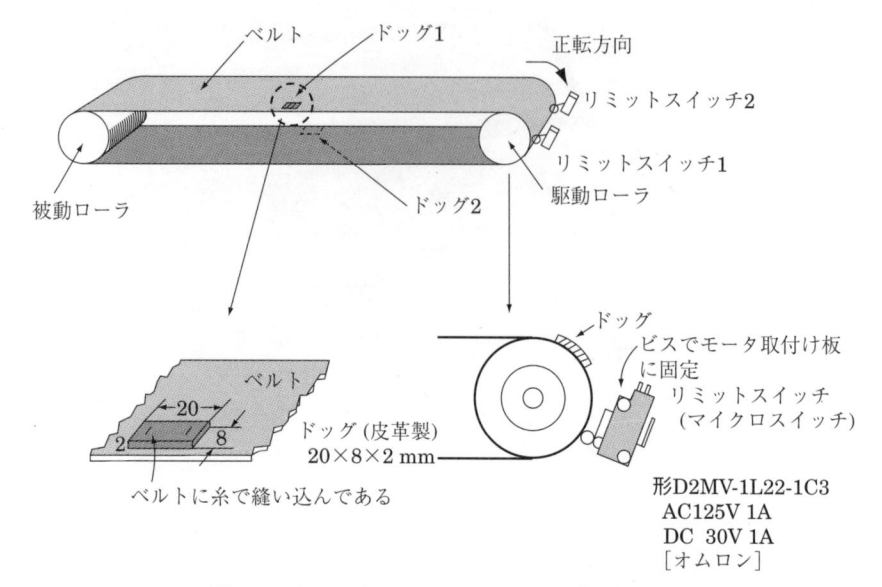

図 5.3　ドッグとリミットスイッチの位置関係

付ける．リミットスイッチの接点は，どちらも a 接点を使用する．

5.3　パルス発生器

　ベルトコンベヤの簡易位置決め制御に，ホトインタラプタ回路とスリット円板を使用した**パルス発生器**を製作する．図 5.4 は，パルス発生器の外観とホトインタラプタ回路である．

　図(a)において，**減速機**の回転軸が 1 回転すると，同じ回転軸に取り付けたスリット円板も 1 回転する．スリットの数は 10 個あるので，スリット円板の 1 回転で，図(b)のホトインタラプタ回路は，10 個のパルスを発生する．このパルスを PIC の RB4 の入力とし，ベルトコンベヤの簡易位置決め制御に利用する．円板のスリットの数を多くすることによって，位置決めの精度は高くなるわけだが，モータにブレーキが付いていないので，だいたいの位置決めとなる．

　ホトインタラプタは，**発光ダイオード**（LED）と**ホトトランジスタ**が，同一光

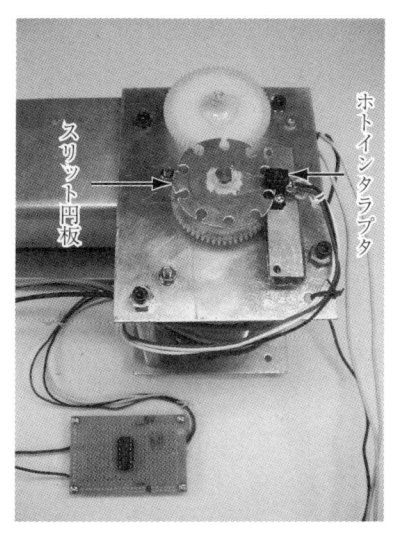

(a) 外観

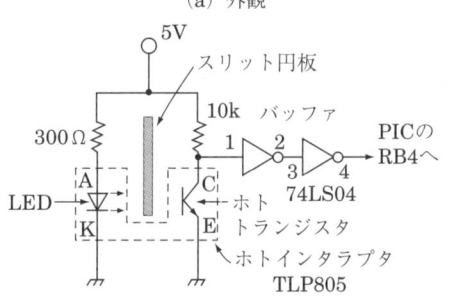

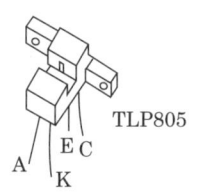

(b) ホトインタラプタ回路

図 5.4 パルス発生器

5.3 パルス発生器　69

軸上に向かい合って設置されている。図(b)において，LED には 12mA 程度の電流が流れ，LED は近赤外線を発光している。しかし，スリット円板が近赤外線を遮断していると，ホトトランジスタには近赤外線が届かず，ホトトランジスタは OFF 状態である。このとき，ホトトランジスタのコレクタ電圧は"H"で，バッファを介して PIC の RB4 を"H"にする。

　スリット円板が少し動き，スリットの部分が LED とホトトランジスタの光軸上にくると，LED の近赤外線により，ホトトランジスタは ON になる。すると，ホトトランジスタのコレクタ電圧は"L"になり，バッファを介して RB4 を"L"にする。

　このようにホトインタラプタは，LED とホトトランジスタの光学的結合を遮断物で ON/OFF し，パルス状の電気信号を出力する。

5.4　超音波発振回路

　図 5.5 は超音波発振回路であり，使用している IC は標準 C-MOS インバータ（4049）1 個である。ここでは，電源電圧 V_{DD}＝5V を使用するが，高出力の発振が必要な場合，V_{DD}＝15V も可能である。

　40kHz 方形波発振回路の調整は次のようにする。発振回路の出力端子にオシロスコープを接続し，10kΩ のボリュームを調整しながら出力波形の周期 T を 25 μs にする。発振周波数 f_o＝1／T から，f_o＝1／25μs=40kHz になる。この調整は周波数カウンタを使用してもよいが，発振回路の出力電圧が高い場合，アッテネータを入れないと周波数カウンタが正常に動作しないことがある。

　40kHz の方形波をバッファ・駆動回路によってパワーアップし，カップリングコンデンサ C_p を介して超音波送波器を駆動させている。

　超音波発振回路と超音波受信回路によって，超音波センサ入力を得るが，超音波受信回路は，図 3.2 の回路を使用する。

(a) 外観

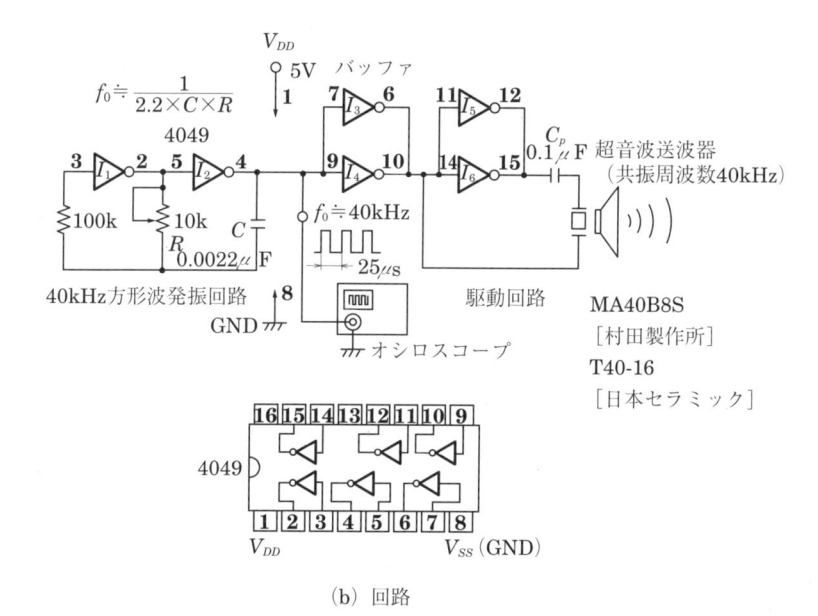

$$f_0 \fallingdotseq \frac{1}{2.2 \times C \times R}$$

4049

100k 10k R
C 0.0022μF

40kHz方形波発振回路

V_{DD} 5V
バッファ

$f_0 \fallingdotseq 40\text{kHz}$
25μs

GND
オシロスコープ

C_p 0.1μF
超音波送波器
(共振周波数40kHz)

駆動回路

MA40B8S
［村田製作所］
T40-16
［日本セラミック］

4049

V_{DD} V_{SS} (GND)

(b) 回路

図 5.5 超音波発振回路

5.5 ベルトコンベヤ（単相誘導モータ）と正転・逆転回路基板との接続

図 5.6 は，ベルトコンベヤ（単相誘導モータ）と単相誘導モータの正転・逆転回路基板との接続である．この接続にセンサ入力として，リミットスイッチ，ホ

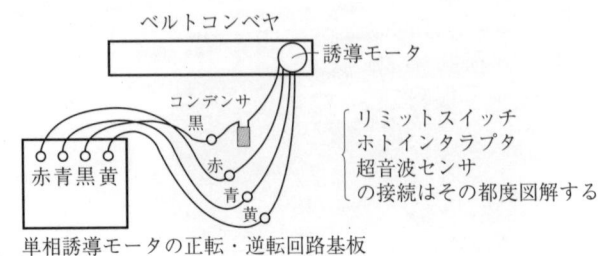

図 5.6　ベルトコンベヤと単相誘導モータの正転・逆転回路基板との接続

トインタラプタ，超音波センサからの信号を取り入れることによって，本章の各種の制御実験をすることができる．

5.6　ベルトコンベヤの寸動運転

図 5.7 は，ベルトコンベヤの寸動運転のフローチャートであり，正転・逆転の

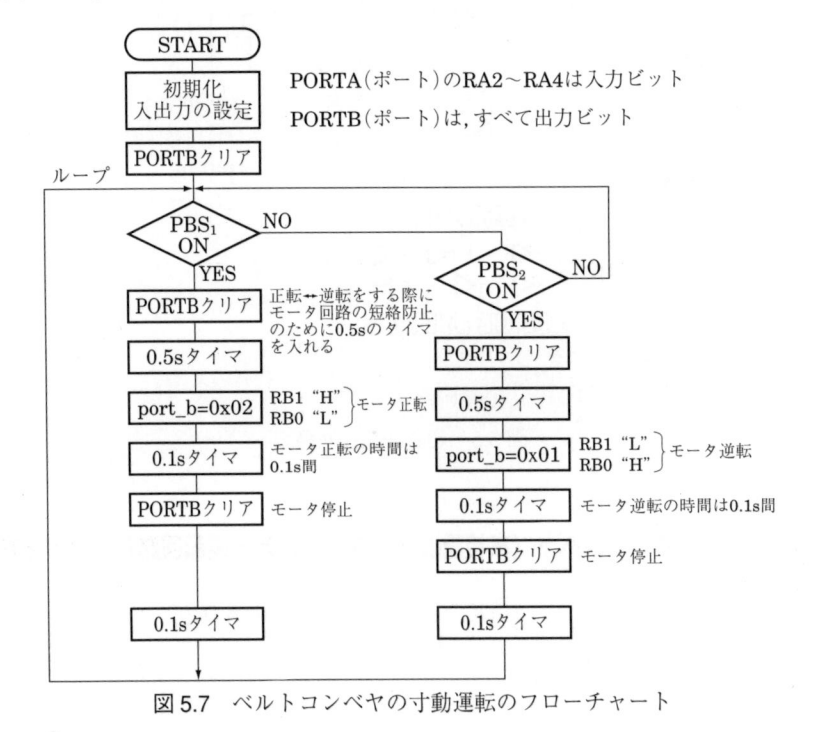

図 5.7　ベルトコンベヤの寸動運転のフローチャート

72　5. ベルトコンベヤを利用した各種の制御

押しボタンスイッチを押すたびに，0.1秒間だけモータは通電し，正転・逆転をする。寸動運転とは，始動押しボタンスイッチを押すたびに，少しずつベルトコンベヤが動く運転である。

このプログラムをプログラム 5.1 に示す。

プログラム 5.1 において，delay_ms(100);を delay_ms(5000);に取り替えると，ベルトコンベヤの限時制御になる。この場合の限時とは，決められた時間だけ動作することを意味する。

プログラム 5.1　ベルトコンベヤの寸動運転

```
#include <16f84a.h>
#fuses HS,NOWDT,NOPROTECT
#use delay(clock=10000000)
#byte port_b=6
main()
{
  set_tris_a(0x1c);
  set_tris_b(0);
  port_b=0;
  while(1)                           ……………………………………………ループ
  {
    if(input(PIN_A2)==0)             ………………………………PBS₁ ON
    {
      port_b=0;
      delay_ms(500);
      port_b=0x02;
      delay_ms(100);
      port_b=0;
      delay_ms(100);
    }
    else if(input(PIN_A3)==0)        ………………………………PBS₂ ON
    {
      port_b=0;
      delay_ms(500);
```

```
        port_b=0x01;
        delay_ms(100);
        port_b=0;
        delay_ms(100);
    }
  }
}
```

5.7　ベルトコンベヤの繰返し運転制御

　図 5.8 は，ベルトコンベヤの繰返し運転制御のフローチャートであり，そのプログラムをプログラム 5.2 に示す。正転・逆転ともに，ベルトコンベヤは 10 秒間運転,5 秒間停止する。これを繰り返す。リセットスイッチの ON で停止する。

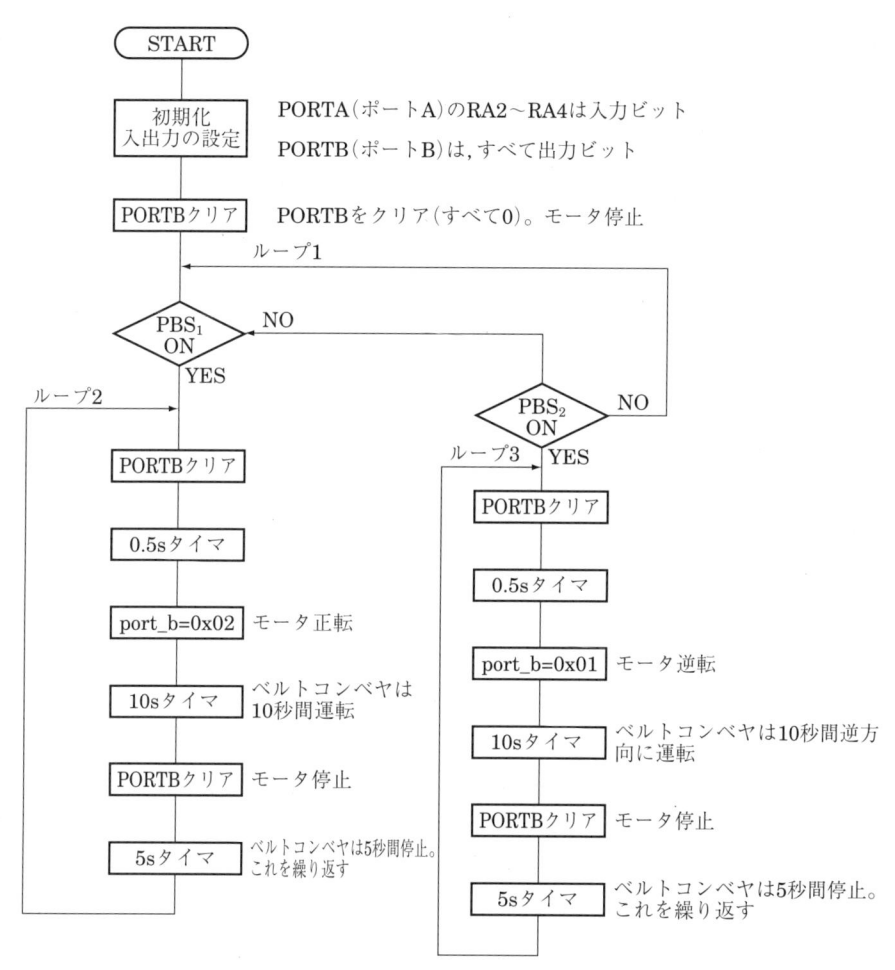

```
                    ┌─ START ─┐
                    └────┬────┘
                         │
                  ┌──────┴──────┐
                  │   初期化    │   PORTA(ポートA)のRA2～RA4は入力ビット
                  │ 入出力の設定 │   PORTB(ポートB)は,すべて出力ビット
                  └──────┬──────┘
                         │
                  ┌──────┴──────┐
                  │  PORTBクリア │   PORTBをクリア(すべて0)。モータ停止
                  └──────┬──────┘
                         │        ループ1
                         │◄──────────────────────────────┐
                       ╱ ╲                                │
                      ╱PBS₁╲  NO                          │
                  ───◄ ON  ►────────────┐                │
                      ╲   ╱              │                │
                       ╲ ╱ YES           ▼                │
   ループ2               │              ╱ ╲               │
  ┌────────────────────┤             ╱PBS₂╲  NO         │
  │                     │    ループ3 ◄ ON  ►────────────┘
  ▼                     ▼             ╲   ╱
```

図 5.8 ベルトコンベヤの繰返し運転制御のフローチャート

(初期化 → PORTBクリア → PBS₁ ON? →YES→ PORTBクリア → 0.5sタイマ → port_b=0x02 (モータ正転) → 10sタイマ (ベルトコンベヤは10秒間運転) → PORTBクリア (モータ停止) → 5sタイマ (ベルトコンベヤは5秒間停止。これを繰り返す) → ループ2)

(PBS₁ NO → PBS₂ ON? →YES→ PORTBクリア → 0.5sタイマ → port_b=0x01 (モータ逆転) → 10sタイマ (ベルトコンベヤは10秒間逆方向に運転) → PORTBクリア (モータ停止) → 5sタイマ (ベルトコンベヤは5秒間停止。これを繰り返す) → ループ3; PBS₂ NO → ループ1)

5.7 ベルトコンベヤの繰返し運転制御

プログラム 5.2 ベルトコンベヤの繰返し運転制御

```
#include <16f84a.h>
#fuses HS,NOWDT,NOPROTECT
#use delay(clock=10000000)
#byte port_b=6
main()
{
  set_tris_a(0x1c);
  set_tris_b(0);
  port_b=0;
  while(1)                              ……………………………………ループ1
  {
    if(input(PIN_A2)==0)                ………………………………PBS₁ ON
    {
      while(1)                          ………………………………ループ2
      {
        port_b=0;
        delay_ms(500);
        port_b=0x02;
        delay_ms(10000);
        port_b=0;
        delay_ms(5000);
      }
    }
    else if(input(PIN_A3)==0)           ……………………………PBS₂ ON
    {
      while(1)                          ………………………………ループ3
      {
        port_b=0;
        delay_ms(500);
        port_b=0x01;
        delay_ms(10000);
        port_b=0;
        delay_ms(5000);
      }
    }
  }
}
```

5.8 ベルトコンベヤの一時停止制御

図 5.9 は，ベルトコンベヤの一時停止制御のフローチャートであり，そのプログラムをプログラム 5.3 に示す。

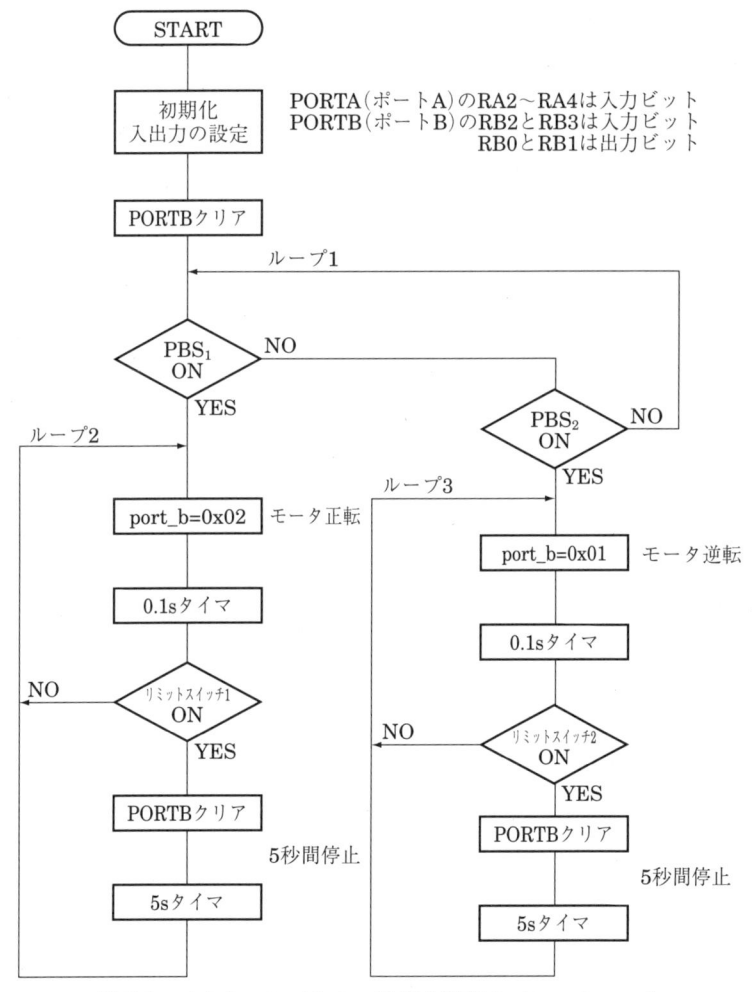

図 5.9 ベルトコンベヤの一時停止制御のフローチャート

プログラム 5.3　ベルトコンベヤの一時停止制御

```
#include <16f84a.h>
#fuses HS,NOWDT,NOPROTECT
#use delay(clock=10000000)
#byte port_b=6
main()
{
  set_tris_a(0x1c);
  set_tris_b(0x0c);
  port_b=0;
  while(1)                              ………………………………………ループ1
  {
    if(input(PIN_A2)==0)                ………………………………PBS₁ ON
    {
      while(1)                          ………………………………………ループ2
      {
        port_b=0x02;
        delay_ms(100);
        if(input(PIN_B2)==1)            ……………………リミットスイッチ1 ON
        {
          port_b=0;
          delay_ms(5000);
        }
      }
    }
    else if(input(PIN_A3)==0)           …………………………………PBS₂ ON
    {
      while(1)                          ………………………………………ループ3
      {
        port_b=0x01;
        delay_ms(100);
        if(input(PIN_B3)==1)            ……………………リミットスイッチ2 ON
        {
          port_b=0;
          delay_ms(5000);
        }
      }
    }
  }
}
```

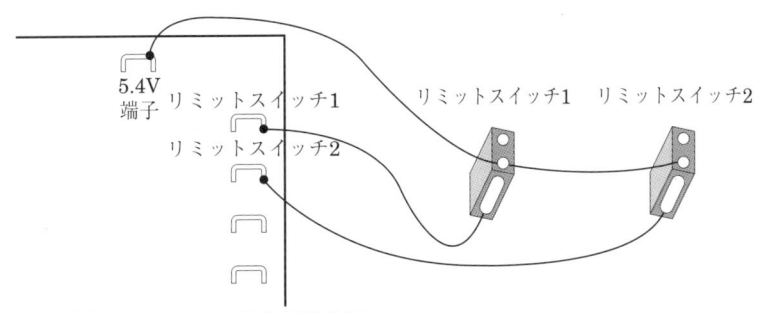

図5.10 単相誘導モータの正転・逆転回路基板とリミットスイッチとの接続1

図5.10に単相誘導モータの正転・逆転回路基板と，リミットスイッチとの接続を示す．

押しボタンスイッチPBS_1をONにすると，モータは正転し，ベルトコンベヤは運転状態になる．ドッグによってリミットスイッチ1（a接点）がONになると，ベルトコンベヤは5秒間停止する．その後，再び運転状態となり，ループ2によってこの動作を繰り返す．ここで，リミットスイッチは，ONになるとすぐOFFに戻るものとする．ループ2を抜けるには，リセットスイッチを押す必要がある．

押しボタンスイッチPBS_2をONにすると，モータは逆転し，ベルトコンベヤは逆方向に運転される．リミットスイッチ2がドッグによってONになると，ベルトコンベヤは5秒間停止する．その後，再び運転状態となり，ループ3によって，この動作を繰り返す．リセットスイッチのONで停止する．

5.9　ベルトコンベヤの回転回数制御

図5.11のように，単相誘導モータの正転・逆転回路基板とリミットスイッチ1を接続する．

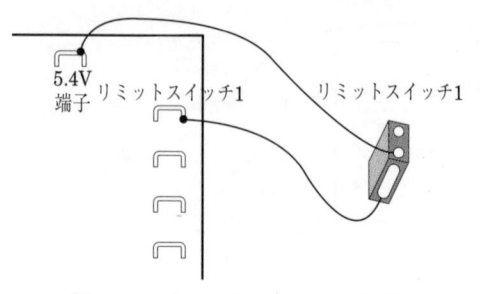

図 5.11　リミットスイッチの接続

　図 5.12 は，ベルトコンベヤの**回転回数制御**のフローチャートであり，そのプログラムをプログラム 5.4 に示す．ドッグがリミットスイッチを通過した直後を原点とする．押しボタンスイッチ PBS_1 の ON で，ベルトコンベヤは 3 回転して停止する．この間，ドッグによって，リミットスイッチ 1 は 3 回 ON／OFF を繰り返す．

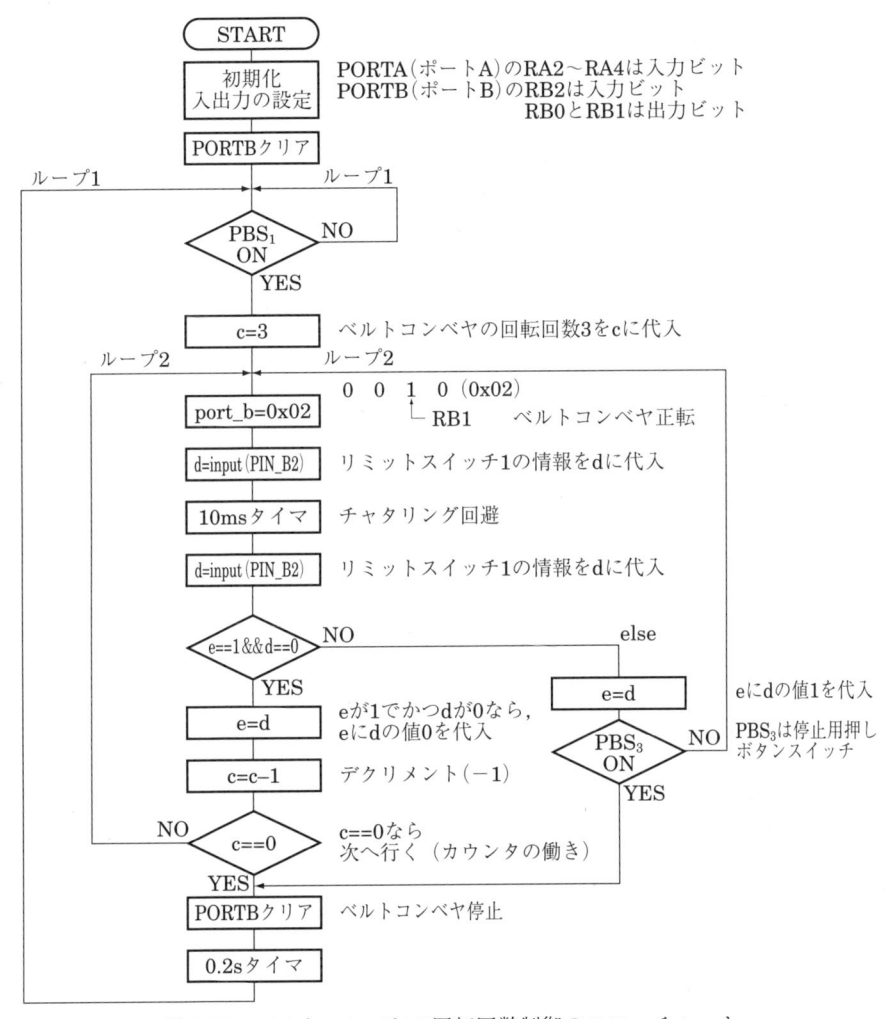

```
                    ┌─────────┐
                    │  START  │
                    └────┬────┘
              ┌──────────┴──────────┐
              │   初期化            │  PORTA(ポートA)のRA2～RA4は入力ビット
              │   入出力の設定      │  PORTB(ポートB)のRB2は入力ビット
              └──────────┬──────────┘         RB0とRB1は出力ビット
                 ┌───────┴────────┐
                 │  PORTBクリア   │
                 └───────┬────────┘
ループ1                   │              ループ1
  ┌──────────────────────◇──────────────────────┐
  │                    PBS₁        NO            │
  │                     ON                        │
  │                    YES                        │
  │              ┌──────┴──────┐
  │              │    c=3      │  ベルトコンベヤの回転回数3をcに代入
  │              └──────┬──────┘
  │  ループ2            │         ループ2
  │  ┌──────────────────┤
  │  │        ┌─────────┴─────────┐   0 0 1 0 (0x02)
  │  │        │   port_b=0x02     │        └─ RB1    ベルトコンベヤ正転
  │  │        └─────────┬─────────┘
  │  │        ┌─────────┴─────────┐
  │  │        │  d=input(PIN_B2)  │  リミットスイッチ1の情報をdに代入
  │  │        └─────────┬─────────┘
  │  │        ┌─────────┴─────────┐
  │  │        │   10msタイマ      │  チャタリング回避
  │  │        └─────────┬─────────┘
  │  │        ┌─────────┴─────────┐
  │  │        │  d=input(PIN_B2)  │  リミットスイッチ1の情報をdに代入
  │  │        └─────────┬─────────┘
  │  │                  ◇ e==1&&d==0  NO        else
  │  │                  │                  ┌─────────┐
  │  │                 YES                 │   e=d   │  eにdの値1を代入
  │  │          ┌───────┴───────┐          └────┬────┘
  │  │          │     e=d       │  eが1でかつdが0なら，
  │  │          └───────┬───────┘  eにdの値0を代入     ◇ PBS₃  NO  PBS₃は停止用押し
  │  │          ┌───────┴───────┐                        ON       ボタンスイッチ
  │  │          │    c=c-1      │  デクリメント(-1)    YES
  │  │          └───────┬───────┘
  │  │       NO         ◇ c==0   c==0なら
  │  │  ┌───────────────┤         次へ行く (カウンタの働き)
  │  │  │              YES
  │  │  │       ┌───────┴───────┐
  │  │  │       │  PORTBクリア  │  ベルトコンベヤ停止
  │  │  │       └───────┬───────┘
  │  │  │       ┌───────┴───────┐
  │  │  │       │  0.2sタイマ   │
  │  │  │       └───────┬───────┘
  └──┴──┴───────────────┘
```

図5.12　ベルトコンベヤの回転回数制御のフローチャート

5.9　ベルトコンベヤの回転回数制御

プログラム 5.4 ベルトコンベヤの回転回数制御

```
#include <16f84a.h>
#fuses HS,NOWDT,NOPROTECT
#use delay(clock=10000000)
#byte port_b=6
main()
{
  int c,d,e;
  set_tris_a(0x1c);
  set_tris_b(0x04);
  port_b=0;
  while(1)                              ………………………………………ループ1
  {
    if(input(PIN_A2)==0)                ………………………………PBS₁ ON
    {
      c=3;
      while(1)                          ………………………………………ループ2
      {
        port_b=0x02;
        d=input(PIN_B2);
        delay_ms(10);
        d=input(PIN_B2);
        if(e==1 && d==0)
        {
          e=d;
          c=c-1;
          if(c==0)
            break;
        }
        else
        {
          e=d;
          if(input(PIN_A4)==0)          ……………………………PBS₃ ON
            break;
        }
      }
      port_b=0;
      delay_ms(200);
    }
```

```
    }
}
```

●解説

d=input(PIN_B2);

　PORTBの2番ピン（RB2）の状態（"H" or "L"）を入力し，その値を変数dに代入する。リミットスイッチ1のONでRB2は"1"になり，OFFでは，プルダウン抵抗によって"0"のままである。

if(e==1 && d==0)

　　&&：論理演算子の論理積（かつ）

　ここでは，eが1でかつdが0ならという条件になる。

```
    if(e==1 && d==0)
    {
        e=d;           ──── eにdの値0を代入
        c=c-1;         cから1を減算し，
                       その結果をcに代入      ←   ┃1┐ ┌─
        if(c==0)                                    ┃ └─┘0  c==0なら break 文でループを脱出
            break;                                        Ⓐ
    }
    else ─────
    {        ┊ ──── さもなくばd==1なのでeにdの値1を代入
        e=d; ┘
        if(input(PIN_A4)==0)
            break;          PORTAの4番ピン（RA4）の状態（"H" or "L"）
    }                        を入力し，その値が0，すなわち，$PBS_3$ がONな
                             らば，break 文でループを脱出する。
```

Ⓐでカウントする
今回のチェック結果 d==0
前回のチェック結果 e==1

プログラム 5.5 は，正転および逆転回数制御である。押しボタンスイッチ PBS_1 の ON で，ベルトコンベヤは 3 回転して停止する。PBS_2 の ON で 3 回逆回転し，停止する。ただし，正転の場合はドッグがリミットスイッチを通過した直後，逆転の場合はドッグがリミットスイッチを通過する直前を原点とする。

プログラム 5.5　ベルトコンベヤの正転・逆転回数制御

```
#include <16f84a.h>
#fuses HS,NOWDT,NOPROTECT
#use delay(clock=10000000)
#byte port_b=6
main()
{
  int c,d,e,f;
  set_tris_a(0x1c);
  set_tris_b(0x04);
  port_b=0;
  while(1)
  {
    while(1)
    {
      if(input(PIN_A2)==0)
      {
        c=3;
        while(1)
        {
          port_b=0x02;
          d=input(PIN_B2);
          delay_ms(10);
          d=input(PIN_B2);
          if(e==1 && d==0)
          {
            e=d;
            c=c-1;
            if(c==0)
              break;
          }
          else
```

```
              {
                e=d;
                if(input(PIN_A4)==0)
                  break;
              }
            }
            port_b=0;
            delay_ms(200);
            break;
          }
          else if(input(PIN_A3)==0)
          {
            f=4;
            while(1)
            {
              port_b=0x01;
              d=input(PIN_B2);
              delay_ms(10);
              d=input(PIN_B2);
              if(e==1 && d==0)
              {
                e=d;
                f=f-1;
                if(f==0)
                  break;
              }
              else
              {
                e=d;
                if(input(PIN_A4)==0)
                  break;
              }
            }
            port_b=0;
            delay_ms(200);
            break;
          }
        }
      }
    }
```

5.10 ベルトコンベヤの簡易位置決め制御

　ベルトコンベヤの**簡易位置決め制御**1は，原点復帰後，原点にあるドッグをコンベヤの中央まで移動させる制御である。押しボタンスイッチPBS_1のONでベルトコンベヤを逆転させ，ドッグの位置をリミットスイッチ1を通過する直前にもってくる。ここを**原点**とする。原点復帰後，PBS_2のONでベルトコンベヤを半回転させ，ドッグの位置がコンベヤの中央で止まるように正転させる。

　図5.13は，単相誘導モータの正転・逆転回路基板と，リミットスイッチおよびホトインタラプタ基板との接続である。

　図5.14は，ベルトコンベヤの簡易位置決め制御1のフローチャートであり，そのプログラムをプログラム5.6に示す。

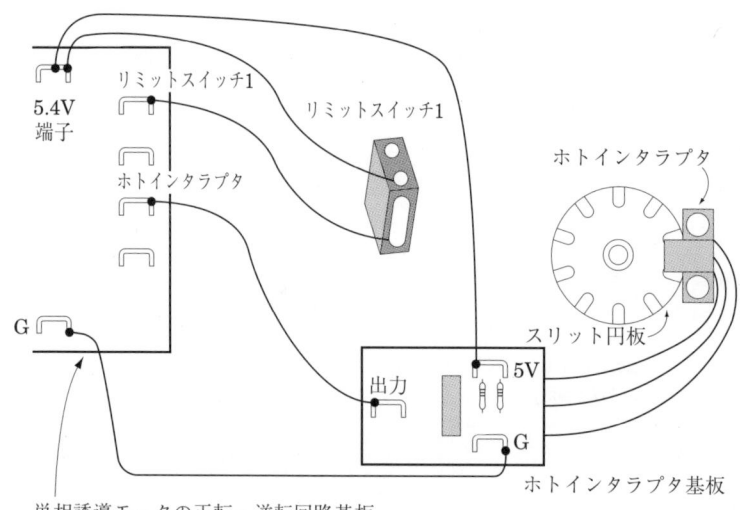

図5.13　単相誘導モータ基板とリミットスイッチおよびホトインタラプタ基板との接続

```
                    ┌─────────┐
                    │  START  │
                    └────┬────┘
                  ┌──────┴──────┐
                  │   初期化    │  PORTA(ポートA)のRA2～RA4は入力ビット
                  │入出力の設定 │  PORTB(ポートB)のRB2とRB4は入力ビット
                  └──────┬──────┘       RB0とRB1は出力ビット
                  ┌──────┴──────┐
                  │ PORTBクリア │
                  └──────┬──────┘
  ループ1              ループ2
```

フローチャート: ベルトコンベヤの簡易位置決め制御 1

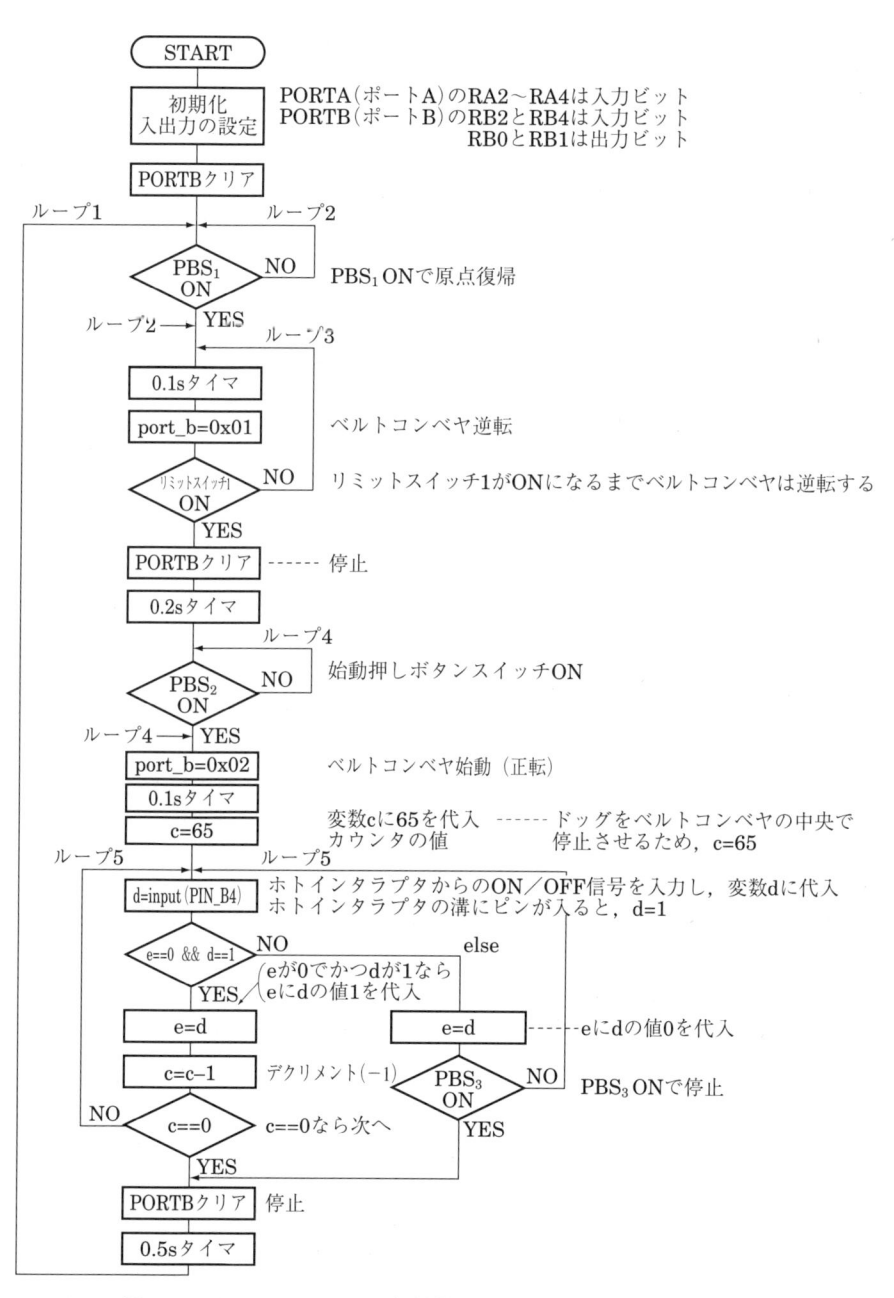

- PBS₁ ON? NO → ループ1 / YES → ループ2
  - PBS₁ ONで原点復帰
- 0.1sタイマ
- port_b=0x01 …… ベルトコンベヤ逆転
- リミットスイッチ1 ON? NO → ループ3 / YES
  - リミットスイッチ1がONになるまでベルトコンベヤは逆転する
- PORTBクリア …… 停止
- 0.2sタイマ
- PBS₂ ON? NO → ループ4 / YES
  - 始動押しボタンスイッチON
- port_b=0x02 …… ベルトコンベヤ始動(正転)
- 0.1sタイマ
- c=65 …… 変数cに65を代入 カウンタの値 …… ドッグをベルトコンベヤの中央で停止させるため,c=65
- d=input(PIN_B4) …… ホトインタラプタからのON/OFF信号を入力し,変数dに代入 ホトインタラプタの溝にピンが入ると,d=1
- e==0 && d==1 ? YES → e=d / NO(else) → e=d …… eにdの値0を代入
  - eが0でかつdが1なら eにdの値1を代入
- c=c-1 …… デクリメント(-1)
- PBS₃ ON? NO → ループ5 / YES → PBS₃ ONで停止
- c==0 ? NO → ループ5 / YES
  - c==0なら次へ
- PORTBクリア …… 停止
- 0.5sタイマ → ループ1へ

図 5.14　ベルトコンベヤの簡易位置決め制御 1 のフローチャート

プログラム 5.6 ベルトコンベヤの簡易位置決め制御 1

```c
#include <16f84a.h>
#fuses HS,NOWDT,NOPROTECT
#use delay(clock=10000000)
#byte port_b=6
main()
{
  int c,d,e;
  set_tris_a(0x1c);
  set_tris_b(0x14);
  port_b=0;
  while(1)                                           ……………ループ1
  {
    while(1)                                         ……………ループ2
    {
      if(input(PIN_A2)==0)                           ……………PBS₁ ON
      {
        while(1)                                     ……………ループ3
        {
          delay_ms(100);
          port_b=0x01;
          if(input(PIN_B2)==1)                       ……………リミットスイッチ1 ON
            break;
        }
        port_b=0;
        delay_ms(200);
        break;
      }
    }
    while(1)                                         ……………ループ4
    {
      if(input(PIN_A3)==0)                           ……………PBS₂ ON
      {
        port_b=0x02;
        delay_ms(100);
        c=65;
        while(1)                                     ……………ループ5
        {
          d=input(PIN_B4);
```

```
        if(e==0 && d==1)
        {
          e=d;
          c=c-1;
          if(c==0)
            break;
        }
        else
        {
          e=d;
          if(input(PIN_A4)==0)    ·······························PBS₃ ON
            break;
        }
      }
      port_b=0;
      break;
    }
  }
  delay_ms(500);
 }
}
```

　図 5.15 は，ベルトコンベヤの簡易位置決め制御 2 の動作を示す．回路の接続は図 5.13 と同じである．PBS_1 の ON で原点復帰し，PBS_2 を押すことによって正転する．ドッグがコンベヤの中央（A 点）にくると 3 秒間停止し，逆転して原点に帰る．プログラムをプログラム 5.7 に示す．

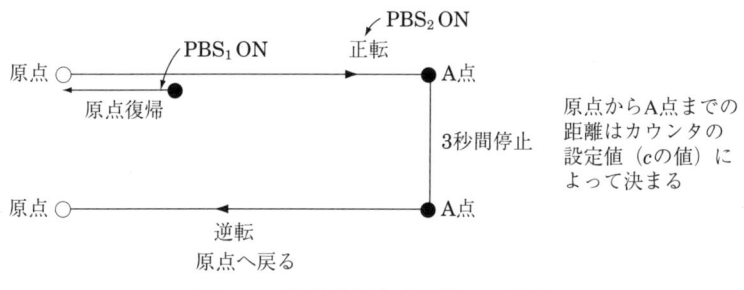

図 5.15　簡易位置決め制御 2 の動作

プログラム 5.7 ベルトコンベヤの簡易位置決め制御 2

```c
#include <16f84a.h>
#fuses HS,NOWDT,NOPROTECT
#use delay(clock=10000000)
#byte port_b=6
void sub();
main()
{
  int c,d,e;
  set_tris_a(0x1c);
  set_tris_b(0x14);
  port_b=0;
  while(1)
  {
    while(1)
    {
      while(1)
      {
        if(input(PIN_A2)==0)
        {
          sub();
          port_b=0;
        }
        else if(input(PIN_A3)==0)
        {
          port_b=0x02;
          delay_ms(100);
          c=65;
          while(1)
          {
            d=input(PIN_B4);
            if(e==0 && d==1)
            {
              e=d;
              c=c-1;
              if(c==0)
                break;
            }
            else
            {
```

```
                e=d;
                if(input(PIN_A4)==0)
                   break;
             }
           }
           port_b=0;
           break;
        }
      }
      delay_ms(3000);
      sub();
      port_b=0;
      delay_ms(200);
      break;
    }
  }
}
void sub()
{
  while(1)
  {
    delay_ms(100);
    port_b=0x01;
    if(input(PIN_B2)==1)
      break;
    else if(input(PIN_A4)==0)
      break;
  }
}
```

5.11 自動ドア

ここでは，ベルトコンベヤを**自動ドア**に見立てる。リミットスイッチは，ONになるとすぐOFFに戻るものとする。

図5.16は，単相誘導モータの正転・逆転回路基板と，リミットスイッチおよび超音波送信・受信回路基板との接続である。

図5.17は，自動ドアのフローチャートであり，超音波センサで人を検知する。実際の自動ドアでも，**超音波センサ**や**焦電型赤外線センサ**などが使用される。

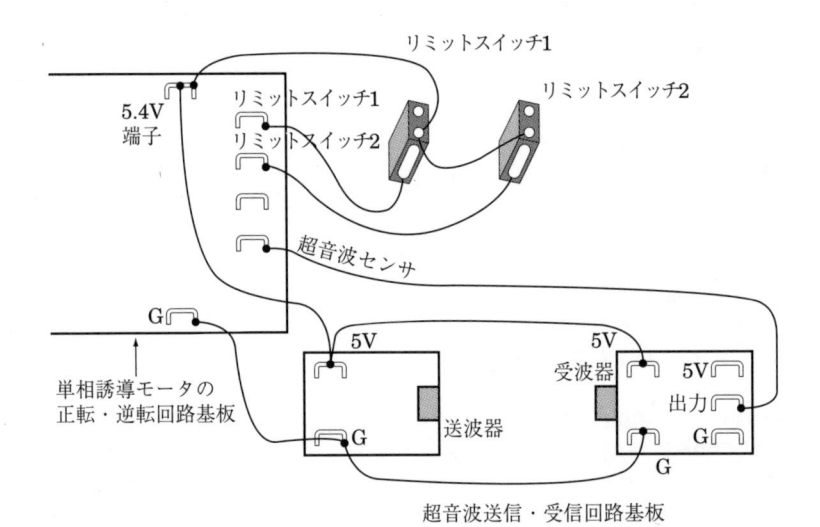

図5.16　単相誘導モータ基板とリミットスイッチおよび超音波センサ基板との接続

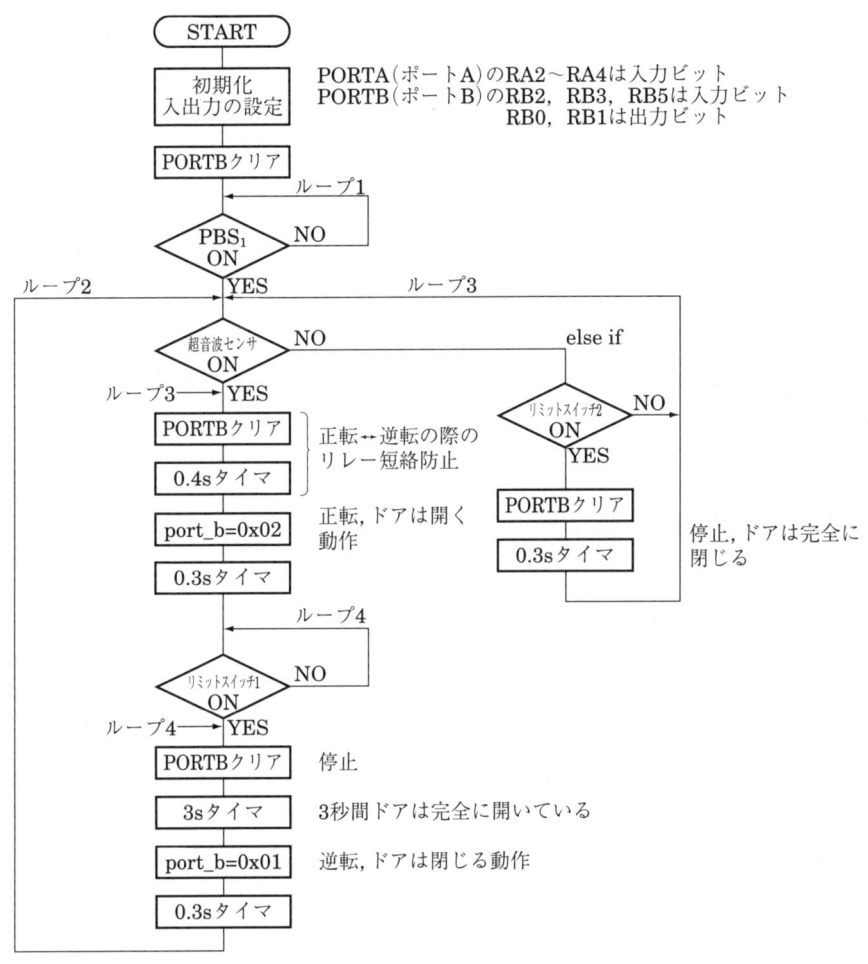

```
                    START
                      │
              ┌───────▼───────┐
              │  初期化       │
              │  入出力の設定 │     PORTA(ポートA)のRA2〜RA4は入力ビット
              └───────┬───────┘     PORTB(ポートB)のRB2, RB3, RB5は入力ビット
                      │                    RB0, RB1は出力ビット
              ┌───────▼───────┐
              │  PORTBクリア  │
              └───────┬───────┘
                      │      ループ1
                      ◇◄──────────┐
                     PBS₁    NO    │
                     ON ───────────┘
                      │YES
    ループ2           │              ループ3
  ┌───────────────────┤              ──────
  │                   ◇  超音波センサ  NO          else if
  │                   ON ────────────────►◇ リミットスイッチ2  NO
  │                   │YES                  ON ──────────┐
  │ ループ3──►        │                      │YES          │
  │          ┌────────▼────────┐             │             │
  │          │   PORTBクリア   │  正転↔逆転の際の  ┌──────▼──────┐
  │          └────────┬────────┘  リレー短絡防止   │ PORTBクリア │
  │          ┌────────▼────────┐                   └──────┬──────┘
  │          │   0.4sタイマ    │                   ┌──────▼──────┐
  │          └────────┬────────┘                   │  0.3sタイマ │ 停止,ドアは完全に
  │          ┌────────▼────────┐  正転,ドアは開く  └─────────────┘  閉じる
  │          │  port_b=0x02    │  動作
  │          └────────┬────────┘
  │          ┌────────▼────────┐
  │          │   0.3sタイマ    │
  │          └────────┬────────┘
  │                   │      ループ4
  │                   ◇◄──────────┐
  │                  リミットスイッチ1  NO │
  │                  ON ───────────┘
  │ ループ4──►        │YES
  │          ┌────────▼────────┐
  │          │   PORTBクリア   │  停止
  │          └────────┬────────┘
  │          ┌────────▼────────┐
  │          │    3sタイマ     │  3秒間ドアは完全に開いている
  │          └────────┬────────┘
  │          ┌────────▼────────┐
  │          │  port_b=0x01    │  逆転,ドアは閉じる動作
  │          └────────┬────────┘
  │          ┌────────▼────────┐
  │          │   0.3sタイマ    │
  │          └────────┬────────┘
  └───────────────────┘
```

図 5.17　自動ドアのフローチャート

回路の動作

❶ 押しボタンスイッチ PBS_1 を押すことによって，自動ドアは運転受入れ状態になる。

❷ ドアに人が近づき，超音波センサ入力があると，RB5 は "1" になる。

❸ 0.4 秒後にドアは開き始める。

❹ ドアが完全に開くと，リミットスイッチ1はONになり，RB2は"1"になる。

❺ ドアの動きは止まり，3秒間ドアは開いている。

❻ ドアは閉じ始める。

❼ ドアが閉じているときに，人がドアに近づくと，再びドアは開き始める。❸〜❻を繰り返す。

❽ ドアが完全に閉じると，リミットスイッチ2はONになり，RB3は"1"になる。

❾ ドアの動きは止まる。

自動ドアのプログラムをプログラム5.8に示す。

プログラム5.8 　自動ドア

```
#include <16f84a.h>
#fuses HS,NOWDT,NOPROTECT
#use delay(clock=10000000)
#byte port_b=6
main()
{
  set_tris_a(0x1c);
  set_tris_b(0x2c);
  port_b=0;
  while(1)                ……………………………………………ループ1
  {
    if(input(PIN_A2)==0)  ………………………………………PBS₁ ON
      break;
  }
  while(1)                ……………………………………………ループ2
  {
    while(1)              ……………………………………………ループ3
    {
      if(input(PIN_B5)==1) …………………………………超音波センサ ON
      {
        port_b=0;
        delay_ms(400);
```

```
      port_b=0x02;
      delay_ms(300);
      break;
    }
    else if(input(PIN_B3)==1)      ················リミットスイッチ2 ON
    {
      port_b=0;
      delay_ms(300);
    }
  }
  while(1)                          ·············································ループ4
  {
    if(input(PIN_B2)==1)           ····························リミットスイッチ1 ON
    {
      port_b=0;
      delay_ms(3000);
      port_b=0x01;
      delay_ms(300);
      break;
    }
  }
 }
}
```

5.12 シャッタの開閉制御

　この制御実験は，ベルトコンベヤをガレージのシャッタに見立てる。リミットスイッチは ON になると ON のまま，あるいはすぐ OFF に戻る。どちらでもよい。

　シャッタが閉じるときに人が挟まれないように，超音波センサによる安全装置が付いている。回路の接続は，自動ドアと同じ図 5.16 のようにする。

　図 5.18 は，シャッタの開閉制御のフローチャートであり，そのプログラムをプログラム 5.9 に示す。

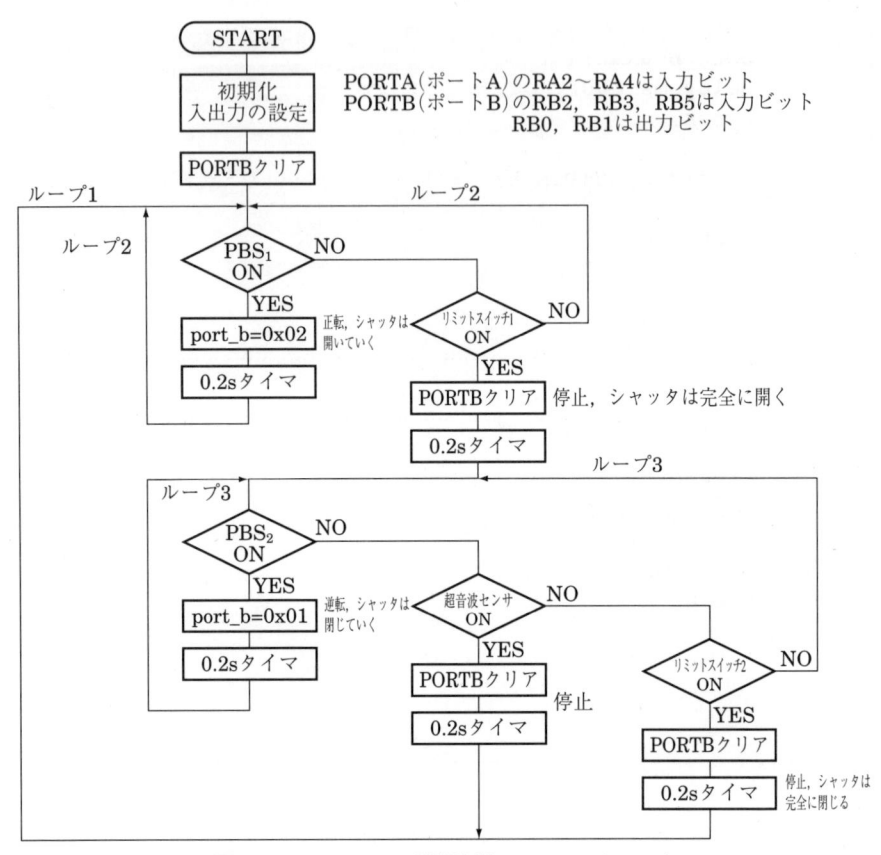

```
                          ┌─ START ─┐
                          │  初期化  │    PORTA(ポートA)のRA2～RA4は入力ビット
                          │入出力の設定│   PORTB(ポートB)のRB2, RB3, RB5は入力ビット
                          │PORTBクリア│         RB0, RB1は出力ビット
```

図5.18 シャッタの開閉制御のフローチャート

ループ1 / ループ2 / ループ3

- PBS₁ ON → YES: port_b=0x02 (正転, シャッタは開いていく), 0.2sタイマ
  - NO → リミットスイッチ1 ON → YES: PORTBクリア (停止, シャッタは完全に開く), 0.2sタイマ
- PBS₂ ON → YES: port_b=0x01 (逆転, シャッタは閉じていく), 0.2sタイマ
  - NO → 超音波センサ ON → YES: PORTBクリア (停止), 0.2sタイマ
    - NO → リミットスイッチ2 ON → YES: PORTBクリア (停止, シャッタは完全に閉じる), 0.2sタイマ

プログラム 5.9　シャッタの開閉制御

```c
#include <16f84a.h>
#fuses HS,NOWDT,NOPROTECT
#use delay(clock=10000000)
#byte port_b=6
main()
{
  set_tris_a(0x1c);
  set_tris_b(0x2c);
  port_b=0;
```

```
  while(1)                                           ……………ループ1
  {
    while(1)                                         ……………ループ2
    {
      if(input(PIN_A2)==0)                           ……………PBS₁ ON
      {
        port_b=0x02;
        delay_ms(200);
      }
      else if(input(PIN_B2)==1)                      ……………リミットスイッチ1 ON
      {
        port_b=0;
        delay_ms(200);
        break;
      }
    }
    while(1) ……ループ3
    {
      if(input(PIN_A3)==0)                           ……………PBS₂ ON
      {
        port_b=0x01;
        delay_ms(200);
      }
      else if(input(PIN_B5)==1)                      ……………超音波センサ ON
      {
        port_b=0;
        delay_ms(200);
        break;
      }
      else if(input(PIN_B3)==1)                      ……………リミットスイッチ2 ON
      {
        port_b=0;
        delay_ms(200);
        break;
      }
    }
  }
}
```

回路の動作

❶ 押しボタンスイッチ PBS_1 を押すと，シャッタは開き始める。

❷ リミットスイッチ1の ON で停止する。

❸ PBS_2 の ON でシャッタは閉じ始める。

❹ シャッタが閉じているときに，超音波センサが人を検知すると，シャッタの動きは停止する。

❺ ❶〜❸を繰り返す。

❻ リミットスイッチ2の ON でシャッタは完全に閉じる。

6. 割込み実験

外部割込みとは，マイコンがあるプログラムを実行中に，外部割込み信号によってこれを一時中断させ，別の（割り込んだ）プログラムを実行させることをいう。その後，割り込んだプログラムが終了すれば，マイコンは再びもとのプログラムの実行を継続する。

一方，タイマ0割込みに使用するタイマ0という8ビットのタイマ／カウンタは，前段にプリスケーラという8ビットのカウンタがあり，タイマ0とプリスケーラによるカウンタがオーバフローしたときに，割込みが許可されていれば割込みが発生する。これがタイマ0割込みである。本章では，一定間隔で割込みを入れる，いわゆるインターバルタイマとしてタイマ0を使う。

CCS-Cには，外部割込み，タイマ0割込みともに，割込み用のプリプロセッサコマンドや組込み関数があり，割込みを容易に扱うことができる。本章では，これらの割込み用関数について詳しく述べることにする。

6.1 LEDの点灯回路による外部割込み実験

6.1.1 LEDの点滅制御

図6.1は，10個のLEDを使用したLEDの点滅制御である。押しボタンスイッチPBS_1をONにすると，5個の緑色LEDと5個の赤色LEDが，0.5秒間隔で交互に5回点滅する。PBS_2とPBS_3は次項以降で使用する。

図6.2は，この回路の部品配置である。図6.3にLEDの点滅制御のフロー

図 6.1 LED の点滅制御

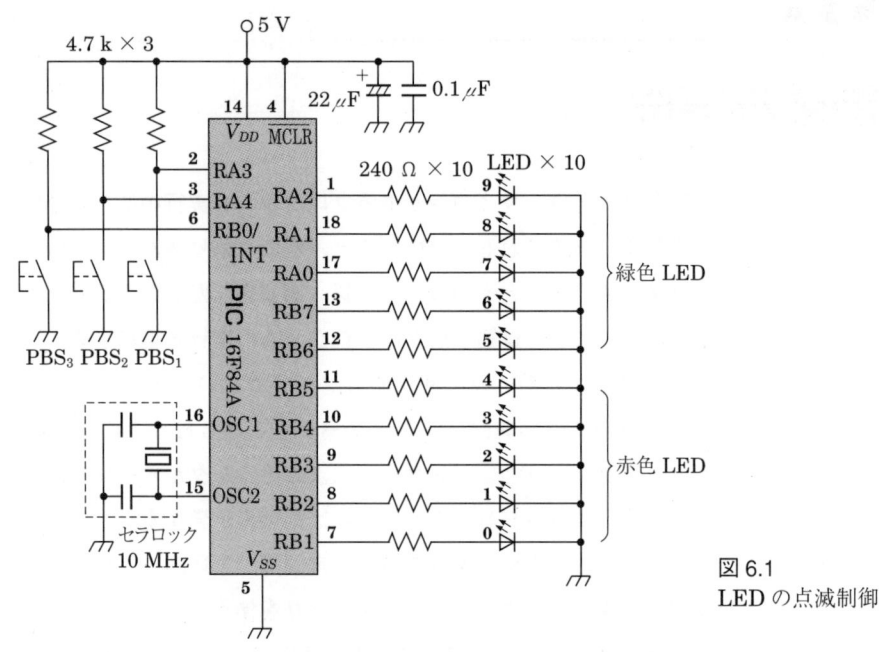

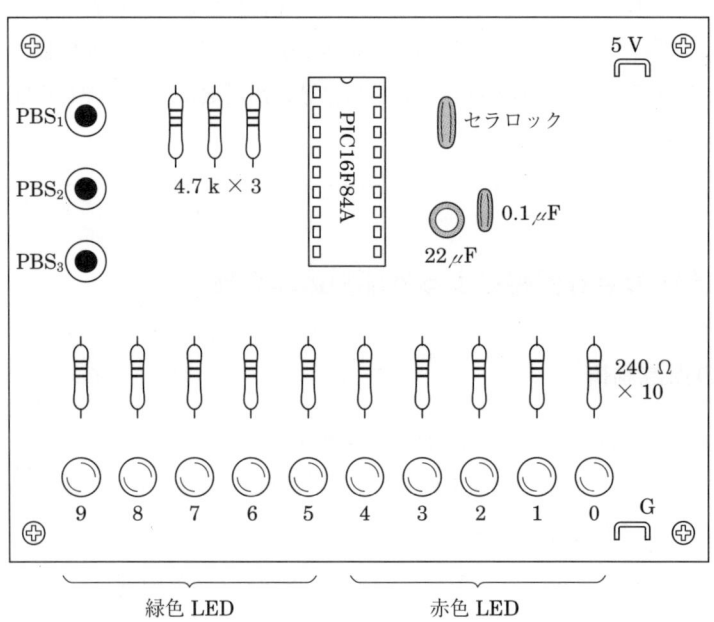

図 6.2 LED の点滅制御の部品配置

チャートを示す。プログラムは，プログラム 6.1 のようになる。

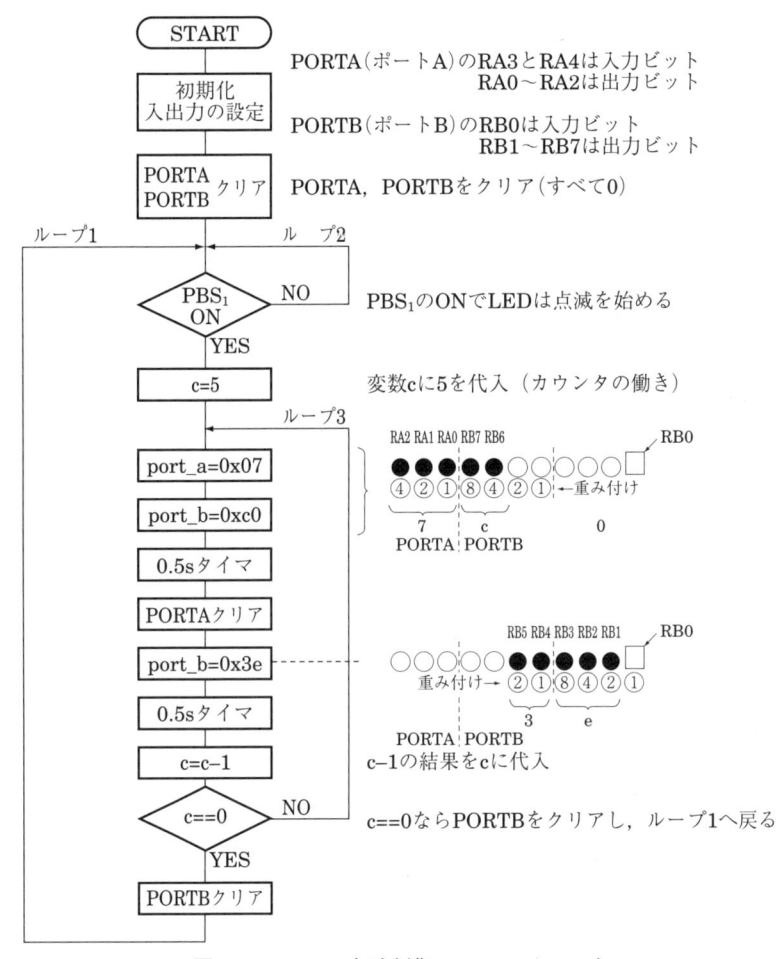

```
                START
                  │
            ┌───────────┐
            │  初期化    │   PORTA(ポートA)のRA3とRA4は入力ビット
            │入出力の設定│              RA0〜RA2は出力ビット
            └───────────┘
                  │        PORTB(ポートB)のRB0は入力ビット
            ┌───────────┐              RB1〜RB7は出力ビット
            │  PORTA    │クリア
            │  PORTB    │   PORTA, PORTBをクリア(すべて0)
            └───────────┘
ループ1           │       ループ2
  ┌───────────────┤
  │               ◇  NO
  │             PBS₁─────→   PBS₁のONでLEDは点滅を始める
  │              ON
  │             YES
  │               │
  │          ┌─────────┐
  │          │  c=5    │   変数cに5を代入（カウンタの働き）
  │          └─────────┘
  │               │  ループ3
  │  ┌────────────┤
  │  │    ┌─────────────┐      RA2 RA1 RA0 RB7 RB6         RB0
  │  │    │port_a=0x07  │       ● ● ● ● ● ○ ○ ○ □
  │  │    └─────────────┘       ④②①⑧④②① ←重み付け
  │  │    ┌─────────────┐         7    c      0
  │  │    │port_b=0xc0  │       PORTA PORTB
  │  │    └─────────────┘
  │  │    ┌─────────────┐
  │  │    │ 0.5sタイマ   │
  │  │    └─────────────┘
  │  │    ┌─────────────┐
  │  │    │ PORTAクリア  │
  │  │    └─────────────┘                 RB5 RB4 RB3 RB2 RB1  RB0
  │  │    ┌─────────────┐       ○ ○ ○ ● ● ● ● ● □
  │  │    │port_b=0x3e  │─ ─ ─  重み付け→②①⑧④②①
  │  │    └─────────────┘                 3    e
  │  │    ┌─────────────┐             PORTA PORTB
  │  │    │ 0.5sタイマ   │
  │  │    └─────────────┘
  │  │    ┌─────────────┐
  │  │    │  c=c−1      │   c−1の結果をcに代入
  │  │    └─────────────┘
  │  │          │
  │  │          ◇  NO
  │  └────── c==0 ─────
  │             YES         c==0ならPORTBをクリアし，ループ1へ戻る
  │        ┌─────────────┐
  │        │ PORTBクリア  │
  │        └─────────────┘
  └──────────────┘
```

図 6.3　LEDの点滅制御のフローチャート

6.1 LEDの点灯回路による外部割込み実験

プログラム 6.1　LED の点滅制御

```
#include <16f84a.h>
#fuses HS,NOWDT,NOPROTECT
#use delay(clock=10000000)
#byte port_a=5
#byte port_b=6
main()
{
  int c;
  set_tris_a(0x18);
  set_tris_b(0x01);
  port_a=0;
  port_b=0;
  while(1)                                              ……ループ1
  {
    while(1)                                            ……ループ2
    {
      if(input(PIN_A3)==0)                              ……PBS₁ ON
        break;
    }
    c=5;
    while(1)                                            ……ループ3
    {
      port_a=0x07;
      port_b=0xc0;
      delay_ms(500);
      port_a=0;
      port_b=0x3e;
      delay_ms(500);
      c=c-1;
      if(c==0)
        break;
    }
    port_b=0;
  }
}
```

6.1.2　10個のLEDの右点灯移動

　図6.1と同じ回路を使用して，10個のLEDの右点灯移動制御を行う。押しボタンスイッチPBS_1をONにすると，LEDは0.2秒間隔で右へ点灯移動する。PBS_2のONで停止する。PBS_3は，6.1.3項の割込み実験で使用する。

　図6.4は，10個のLEDの右点灯移動のフローチャートであり，プログラムをプログラム6.2に示す。

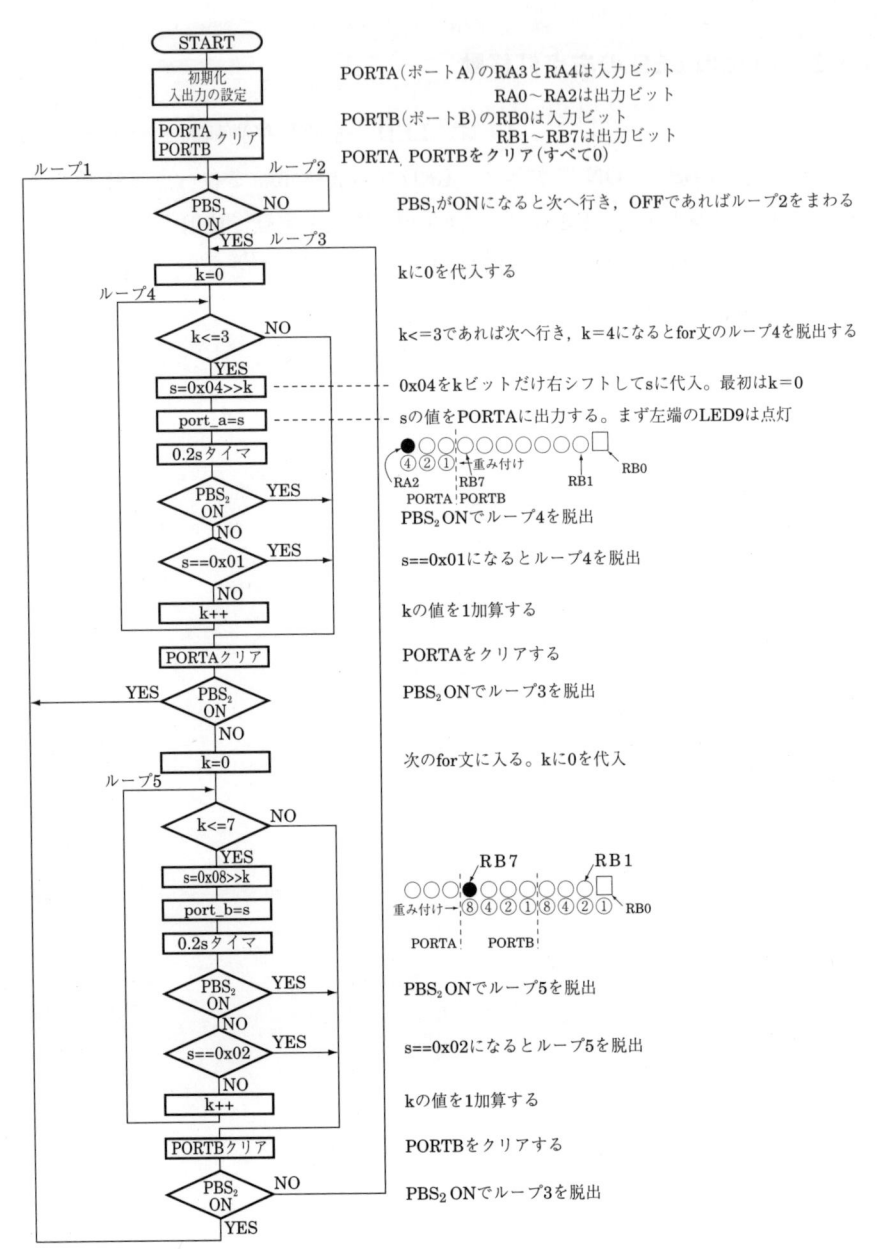

図6.4 10個のLEDの右点灯移動のフローチャート

PORTA(ポートA)のRA3とRA4は入力ビット
RA0〜RA2は出力ビット
PORTB(ポートB)のRB0は入力ビット
RB1〜RB7は出力ビット
PORTA, PORTBをクリア(すべて0)

PBS$_1$がONになると次へ行き，OFFであればループ2をまわる

kに0を代入する

k<=3であれば次へ行き，k=4になるとfor文のループ4を脱出する

0x04をkビットだけ右シフトしてsに代入。最初はk=0

sの値をPORTAに出力する。まず左端のLED9は点灯

PBS$_2$ONでループ4を脱出

s==0x01になるとループ4を脱出

kの値を1加算する

PORTAをクリアする

PBS$_2$ONでループ3を脱出

次のfor文に入る。kに0を代入

PBS$_2$ONでループ5を脱出

s==0x02になるとループ5を脱出

kの値を1加算する

PORTBをクリアする

PBS$_2$ONでループ3を脱出

プログラム 6.2　**10 個の LED の右点灯移動**

```
#include <16f84a.h>
#fuses HS,NOWDT,NOPROTECT
#use delay(clock=10000000)
#byte port_a=5
#byte port_b=6
main()
{
  int k,s;
  set_tris_a(0x18);
  set_tris_b(0x01);
  port_a=0;
  port_b=0;
  while(1)                                          ……ループ1
  {
    while(1)                                        ……ループ2
    {
      if(input(PIN_A3)==0)                          ……PBS₁ ON
        break;
    }
    while(1)                                        ……ループ3
    {
      for(k=0;k<=3;k++)                             ……ループ4
      {
        s=0x04>>k;
        port_a=s;
        delay_ms(200);
        if(input(PIN_A4)==0)                        ……PBS₂ ON
          break;
        else if(s==0x01)
          break;
      }
      port_a=0;
      if(input(PIN_A4)==0)                          ……PBS₂ ON
        break;
```

6.1 LED の点灯回路による外部割込み実験　　105

```
        for(k=0;k<=7;k++)                ················ループ5
        {
          s=0x80>>k;
          port_b=s;
          delay_ms(200);
          if(input(PIN_A4)==0)            ················PBS₂ ON
            break;
          else if(s==0x02)
            break;
        }
        port_b=0;
        if(input(PIN_A4)==0)              ················PBS₂ ON
          break;
      }
    }
  }
```

6.1.3　LEDの点灯移動と点滅制御をモデルにした外部割込み実験

　図6.1と同じ回路を使用し，RB0/INT外部割込みの実験をする。メインルーチンは，6.1.2項の10個のLEDの右点灯移動と同じであり，右点灯移動の途中で，押しボタンスイッチPBS₃がONになると，RB0/INT外部割込みが発生する。すると，6.1.1項のLEDの点滅制御とほぼ同じに，LEDの点滅を5回繰り返す。これは**割込みルーチン**である。その後，割り込まれた時点の右点灯移動に戻る。このように，外部割込みとは，あるプログラムを実行中に，外部割込み信号によって，ほかのプログラムを実行させ，その後，再び元のプログラムに戻る動作のことをいう。

　プログラム6.3は，LEDの点灯移動と点滅制御をモデルにした外部割込み実験である。

プログラム 6.3　LEDの点灯移動と点滅制御をモデルにした外部割込み実験

```
#include <16f84a.h>
#fuses HS,NOWDT,NOPROTECT
#use delay(clock=10000000)
#byte port_a=5
#byte port_b=6
#INT_EXT                ………………………………………RB0/INT 外部割込み処理の開始指定
ext_isr()               ………………………………………RB0/INT 外部割込み処理関数
{
  int c;
  while(1)
  {
    c=5;
    while(1)
    {
      port_a=0x07;
      port_b=0xc0;
      delay_ms(500);
      port_a=0;                          ………………………LED の点滅制御
      port_b=0x3e;
      delay_ms(500);
      c=c-1;
      if(c==0)
        break;
    }
    port_b=0;
    break;
  }
}
main()                  ………………………………………………………………メイン関数
{
  int k,s;
  set_tris_a(0x18);
  set_tris_b(0x01);
  port_a=0;
```

6.1 LED の点灯回路による外部割込み実験　　107

```
    port_b=0;
    enable_interrupts(INT_EXT);      ……………………………外部割込み許可
    enable_interrupts(GLOBAL);       …………………………GLOBAL 割込み許可
    ext_int_edge(H_TO_L);            …………外部割込みピンの割込み発生を立下が
    while(1)                                りで割込みが発生するように設定する
    {
      while(1)
      {
        if(input(PIN_A3)==0)
          break;
      }
      while(1)
      {
        for(k=0;k<=3;k++)
        {
          s=0x04>>k;
          port_a=s;
          delay_ms(200);
          if(input(PIN_A4)==0)
            break;
          else if(s==0x01)
            break;
        }
        port_a=0;
        if(input(PIN_A4)==0)
          break;
        for(k=0;k<=7;k++)                    ……10 個の LED の右点灯移動
        {
          s=0x80>>k;
          port_b=s;
          delay_ms(200);
          if(input(PIN_A4)==0)
            break;
          else if(s==0x02)
            break;
        }
        port_b=0;
        if (input (PIN_A4) ==0)
          break;
      }
    }
}
```

●解説

CCS社のCコンパイラには，割込み用に用意された**プリプロセッサコマンド**「#INT_xxx」があり，コンパイラは，次のような実行プログラムを自動生成する。
- 割込みが発生したとき，割込みベクタへのジャンプ
- レジスタの退避と復帰
- 割込みフラッグのリセット

このため，割込みを容易に扱うことができる。

#INT_EXT

プリプロセッサコマンド「#INT_xxx」の1つであり，RB0/INT外部割込みの関数である。ここでは，外部割込み処理の開始を指定する。

ext_isr()

これは，RB0/INT外部割込み処理関数である。「#INT_xxx」関数と「xxx_isr()」関数は対応する。ここでは，下記のように続けて記述し，この両関数の間には，何も挿入してはならない。

```
#INT_EXT
ext_isr()
```

enable_interrupts(INT_EXT);

組込み関数の1つで，割込みの**イネイブル**（有効）を任意の割込み要因で設定する。ここでは，INT_EXTなので，外部割込みを許可する。

enable_interrupts(GLOBAL);

GLOBALを実行することで，設定した外部割込み要因が発生すると，割込みがかかるようになる。

ext_int_edge(H_TO_L);

組込み関数の1つで，外部割込みピンの割込み発生を立上がりか，立下がりかを設定する。H_TO_LかL_TO_Hのどちらかを設定する。ここでは，H_TO_Lなので，立下がりで割込みが発生する。

6.2 タイマ0割込み実験

6.2.1 タイマ0の内部構成

図6.5は，タイマ0の内部構成をブロック図で表したものである．TMR0（タイマ0）は8ビットの**タイマ／カウンタ**で，8ビットの**プリスケーラ**が付いている．プリスケーラの前段に，**内部命令クロック**と外部クロックの切替えがあるが，本書では，すべて内部命令クロックを使用する．

プリスケーラとは，TMR0（タイマ0）の前段にある8ビットの**カウンタ**で，OPTION_REG レジスタの設定により，次のような働きがある．

① 8ビットのカウンタとなっているので，最大256カウントのプリスケールができる．

② PS2，PS1，PS0の3ビットを000，001〜110，111と切り替えることにより，2，4，8，16，32，64，128，256の8通りの**プリスケール値**を指定できる．

③ 例えば，プリスケール値を256にすると，プリスケーラのカウント数256回で，TMR0のカウンタが1回数えられることになり，全カウント数は256倍になる．

ここで，TMR0（タイマ0）について述べよう．

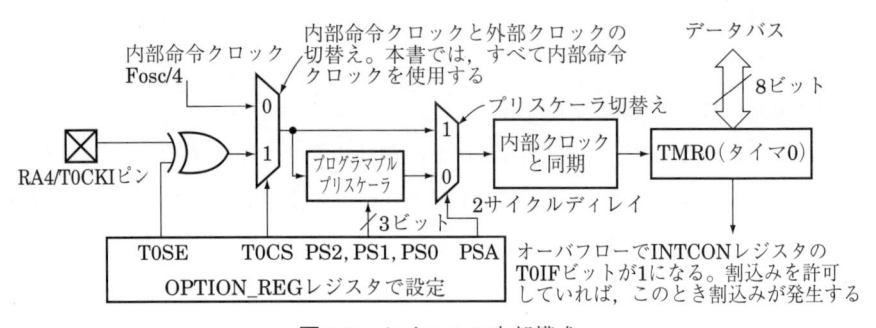

図6.5 タイマ0の内部構成

① TMR0 は 8 ビットのカウンタなので，これだけだと $2^8=256$ カウントが最大値であるが，プリスケール値を 256 にすると，256×256=65 536 カウントが最大値になる。

② TMR0 へクロックが入力されると，TMR0 レジスタの内容は 00h，01h，……とインクリメントし，FFh の後は 00h へ戻る。FFh から 00h にオーバフローしたとき，割込みを許可していれば，この時点で割込みが発生する。

6.2.2 LED の点滅制御

図 6.6 は，タイマ 0 割込みを使用した LED の点滅制御である。ここでは，一定間隔で割込みを入れる，いわゆる**インターバルタイマ**としてタイマ 0 を使用

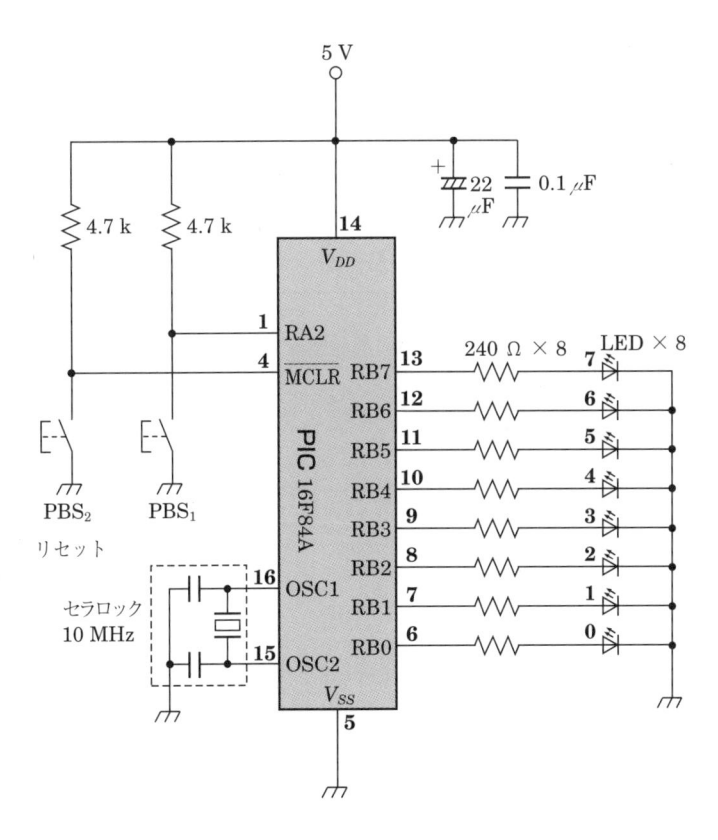

図 6.6
LED の点滅制御

する．図1.7のLEDの点灯移動回路を一部変更し，押しボタンスイッチPBS$_2$をリセットスイッチにしてある．図6.7は部品配置であるが，図1.8と同じである．

押しボタンスイッチPBS$_1$のONで，LEDは，4個ずつ左右に1秒間の周期で点滅を繰り返す．PBS$_2$のONでリセットになる．プログラムをプログラム6.4に示す．

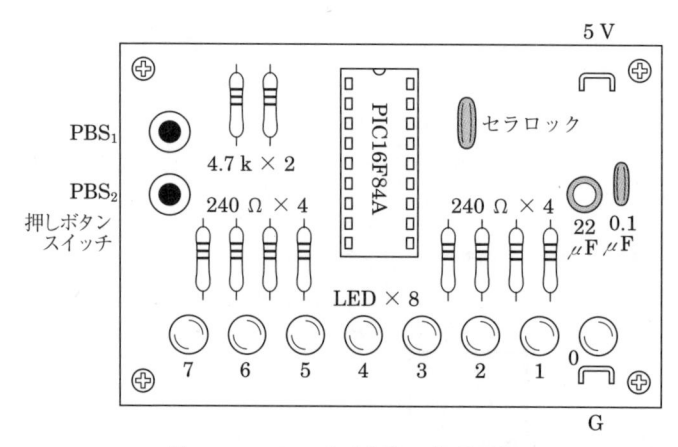

図6.7　LEDの点滅制御の部品配置

プログラム6.4　LEDの点滅制御

```
#include <16f84a.h>
#fuses HS,NOWDT,NOPROTECT
#use delay(clock=10000000)
#define SECMAX 38
#byte port_b=6
int sec,flag;
#INT_RTCC          ……………………………………タイマ0の割込み使用宣言
rtcc_isr()         ……………………………………タイマ0の割込み処理関数
{
```

```
  sec=sec-1;
  if(sec==0)
  {
    sec=SECMAX;
    if(flag==0)
    {
      port_b=0xf0;   ……………………………………  ●●●●○○○○   LED 点灯
      flag=1;
    }
    else
    {
      port_b=0x0f;   ……………………………………  ○○○○●●●●   LED 点灯
      flag=0;
    }
  }
}
main()
{
  while(1)
  {
    if(input(PIN_A2)==0)   ……………………………………………… PBS₁ ON
      break;
  }
  set_tris_a(0x04);
  set_tris_b(0);
  setup_counters(RTCC_INTERNAL,RTCC_DIV_256);
  sec=SECMAX;
  enable_interrupts(INT_RTCC);   ………………… タイマ0の割込み許可
  enable_interrupts(GLOBAL);     ………………… グローバル割込み許可
  while(1)   …………………………………………………… 割込み待ちのアイドルループ
  {
  }
}
```

●解説

#define SECMAX 38

　プリプロセッサコマンドの1つで，SECMAXは38に等しいと定義する。ここでは，タイマ0のカウント回数が38であると定義する。

#INT_RTCC

　割込み用に用意されたプリプロセッサコマンド「#INT_xxx」の1つである。RTCC(Real Time Clock/Counter)はタイマ0の別称であり，ここでは，タイマ0の割込み使用宣言をする。

rtcc_isr()

　タイマ0の割込み処理関数である。

setup_counters(RTCC_INTERNAL,RTCC_DIV_256);

　この関数は，RTCC（タイマ0）の初期設定をする。

　　　　　RTCC_INTERNAL：タイマ0は外部クロックと内部命令クロックを使用できるが，ここでは内部命令クロックを使用する。

　　　　　RTCC_DIV_256：　内部命令クロックを1/256に分周して使用する。すなわち，プリスケール値を256に指定する。

enable_interrupts(INT_RTCC);

　この関数は，割込みの**イネイブル**（有効）を任意の割込み要因で設定する。ここでは，INT_RTCCなので，タイマ0割込みを許可する。

enable_interrupts(GLOBAL);

　GLOBALを実行することで，設定したタイマ0割込み要因が発生すると，割込みがかかるようになる。

sec=SECMAX;

　#define SECMAX 38により，SECMAX=38なので，その38を変数secに代入する。このプログラムでは，インターバルタイマの間隔を1秒にするため，38

をSECMAXにしている。

while(1){ }

　割込み待ちのアイドルループである。

　ここでインターバルタイマの間隔を計算してみよう。

① SECMAX=1とする。
② 発振回路の周波数 $F_{osc}=10×10^6$Hz なので，$F_{osc}/4=2.5×10^6$Hz。
③ プリスケール値=256。そして，TIM0（タイマ0）のカウント数=256。したがって，256×256=65 536 だけカウントできる。
④ インターバル時間＝65 536/2.5×10^6＝0.0262s=26.2ms。あるいはインターバル時間＝65 536×0.4×10^{-6}=0.0262s=26.2ms。
⑤ SECMAX=38にする。
⑥ インターバル時間＝0.0262×38=0.996s≒1s。

図6.8に，RB0出力波形の実測値を示す。

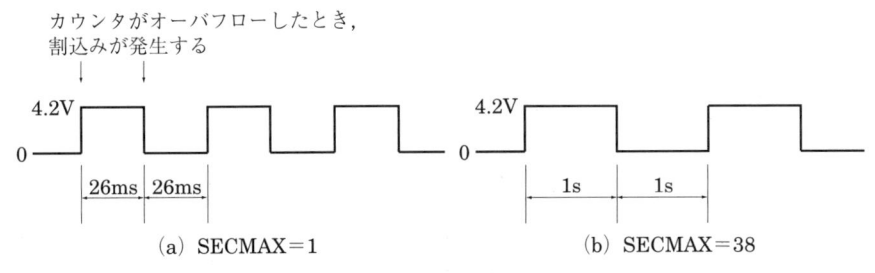

図6.8　RB0出力波形

6.2.3 DC モータの速度制御

図 6.9 は，タイマ 0 割込みを使用した DC モータの速度制御である。部品配置を図 6.10 に示す。

押しボタンスイッチ PBS_1 の ON で，DC モータはまわり始め，PBS_1 を押すたびに回転速度は増加する。逆に，PBS_2 を押すたびに回転速度は減少する。PBS_3 の ON でリセットし，DC モータは停止する。プログラムにより，0～15 の 16 段階に速度制御ができる。

図 6.11 に示すように，RB0 出力波形のデューティ（パルス幅の H と L の比）を変化させている。デューティが大きければ回転速度は増加する。このようにデューティが変化すると，トランジスタの ON／OFF 比が変化し，DC モータへの供給電力が変化するので，DC モータの速度制御ができる。

プログラムをプログラム 6.5 に示す。

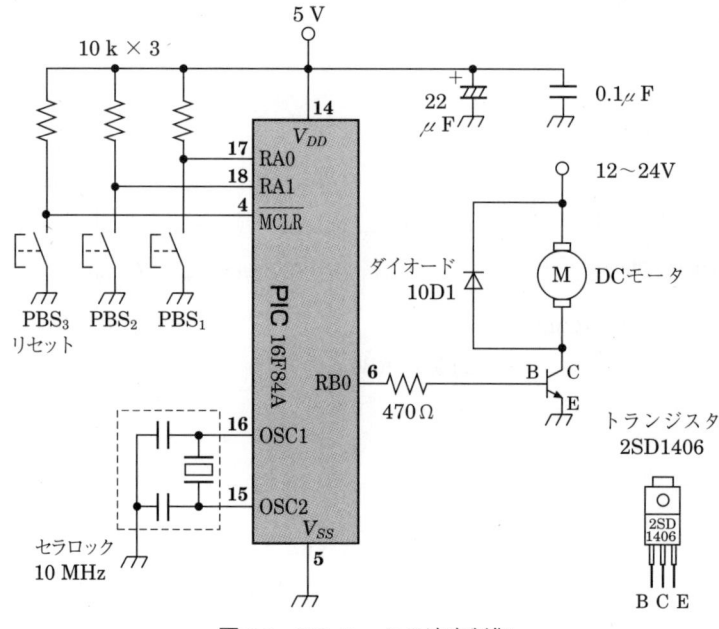

図 6.9 DC モータの速度制御

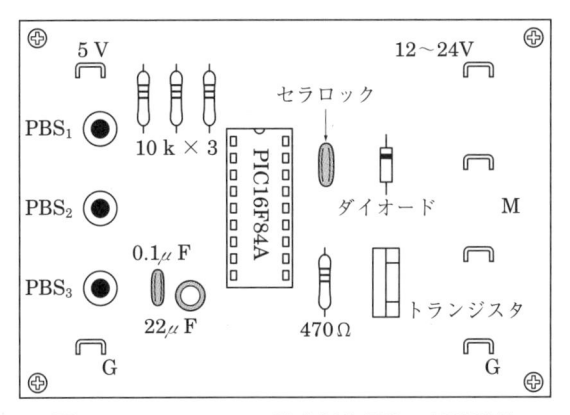

図6.10 DCモータの速度制御回路の部品配置

図6.11 RB0出力波形のデューティ
(a) デューティ小
(b) デューティ大

プログラム6.5　DCモータの速度制御

```
#include <16f84a.h>
#fuses HS,NOWDT,NOPROTECT
#use delay(clock=10000000)
#define SECMAX 1
#byte port_b=6
int d,e,SET,sec,cnt;
#INT_RTCC            ……………………………………………タイマ0の割込み使用宣言
rtcc_isr()           ……………………………………………タイマ0の割込み処理関数
{
  if(input(PIN_A0)==0)   …………………………………………PBS₁ ON
  {
```

6.2 タイマ0割込み実験　117

```
    delay_ms(30);
    d=input(PIN_A0);
    if(e==1 && d==0)
    {
      SET=SET+1;
      e=d;
      if(SET==0x0f)
        SET=0;
    }
    else
      e=d;
  }
  else if(input(PIN_A1)==0)                    ················································PBS₂ ON
  {
    delay_ms(30);
    d=input(PIN_A1);
    if(e==1 && d==0)
    {
      SET=SET-1;
      e=d;
      if(SET==0)
        SET=0x0f;
    }
    else
      e=d;
  }
  sec=sec-1;
  if(sec==0)
  {
    sec=SECMAX;
    if(cnt<=SET)
      port_b=0x01;
    else
      port_b=0;
    cnt=(++cnt) & 0x0f;
  }
}
```

```
main()
{
  while(1)
  {
    if(input(PIN_A0)==0)
      break;
  }
  set_tris_a(0x03);
  set_tris_b(0);
  setup_counters(RTCC_INTERNAL,RTCC_DIV_2);
  sec=SECMAX;
  SET=1;
  enable_interrupts(INT_RTCC);      ……………………タイマ0の割込み許可
  enable_interrupts(GLOBAL);        ……………………グローバル割込み許可
  while(1)                          ……………………………………割込み待ちのアイドルループ
  {
  }
}
```

●解説

d=input(PIN_A0);

　組み込み関数 input(pin) は，PIC の任意のピンからそのピンの状態("H"or"L")を入力する。ここでは，PORTA の 0 番ピン（RA0）の状態を入力し，その値を変数 d に代入する。したがって，押しボタンスイッチ PBS_1 の ON で RA0 は 0 になり，d は 0 になる。PBS_1 が OFF ならば RA0 は 1，よって d も 1 になる。

if(e==1 && d==0)

　&& : 論理演算子の論理積（かつ）

　ここでは，e が 1 でかつ d が 0 ならという条件になる。

```
if(e==1 && d==0)
{
    SET=SET+1;------------------------
    e=d;------ e に d の値 0 を代入する。
    if(SET==0x0f)    もし, SET==0x0f
                     になったら, 0 を
    SET=0;           SET に代入 (SET
                     をクリア) する。
}
else
    e=d;    さもなくば, d==1 なので, e に d の値 1 を代入する。
```

1 ─┐　┌─ Ⓐでカウントする
0   └─┘   今回のチェック結果 d==0
      Ⓐ   前回のチェック結果 e==1

このとき, SET をインクリメント (+1) する。PBS_1 を押すたびに, SET の値は SET==0x0f になるまで増加する。

```
sec=sec-1;------------    #define  SECMAX 1, sec=SECMAX により, sec-1 の sec は 1 に
                          なっている。したがって, sec=1-1, sec=0 となり, sec の値は 0。
if(sec==0)---------------  sec==0 なので, 次へ行く。
{
    sec=SECMAX;---------SECMAX の値 1 を sec に代入する。
    if(cnt<=SET)---------SET の値は, $PBS_1$ あるいは $PBS_2$ の ON／OFF によっ
                         て増減する。最大は 15 になる。
        port_b=0x01;---------RB0 に 1 を出力
    else
        port_b=0;---------RB0 はクリア
    cnt=(++cnt) & 0x0f;------cnt はカウンタで, 0～15 までカウントし記憶して
                            おく変数。cnt は, このルーチンに入るたびにカウ
}                           ントアップされ, 0x0f とのアンドをとることによっ
                            て, 16 になったところで 0 にクリアされる。

setup_counters(RTCC_INTERNAL,RTCC_DIV_2);
```
この関数は, RTCC (タイマ 0) の初期設定をする。

　　　　RTCC_INTERNAL：内部命令クロックを使用する。

　　　　RTCC_DIV_2：プリスケール値を 2 に指定する。

インターバルタイマのインターバル時間は, 次のようにして計算できる。プリスケール値=2, TMR0 (タイマ 0) のカウント数=256。したがって, 2×256=512

だけカウントできる。

インターバル時間＝512×0.4×10^{-6}＝2.048×10^{-4}s=0.2048ms。すなわち，0.2048msごとに割込みがかかることになる。

SETの値は，PBS$_1$あるいはPBS$_2$のON／OFFによって増減し，0〜15の16段階になる。カウンタcntの値は，割込みのたびにカウントアップされ，16になるとクリアされる。例えば，SETが1の場合，cntの値がcnt<=1のときだけDCモータを駆動するトランジスタはONになる。SETの値が増えるごとに1/16，2/16，3/16，……16/16のように，トランジスタをONにする時間すなわちデューティは増加する。したがって，DCモータの回転速度は増加する。

このようにして，このプログラムの場合，インターバル時間×16の値がRB0出力パルスの周期になる。図6.12に，RB0出力波形の周期を示す。

DCモータの代わりに電球を使用すると，DC24V，1A程度までの調光装置として利用できる。この場合，ダイオード10D1は必要ない。

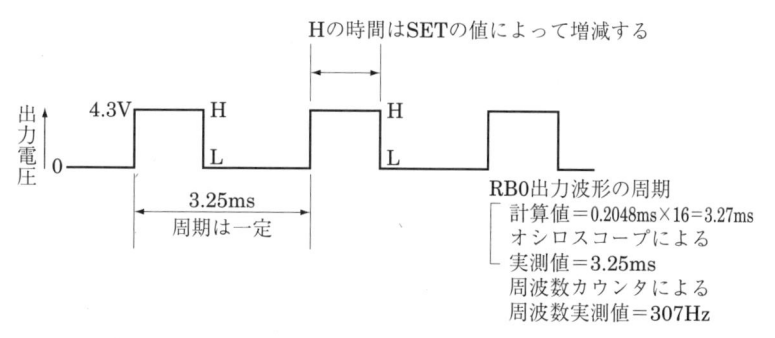

図6.12 RB0出力波形の周期

7.

7 セグメント表示器の点灯制御

　　　3桁あるいは4桁などの7セグメント表示器は，工場でのベルトコンベヤ上の製品のカウント表示や各種計測器のディジタル表示など，10進数表示の表示器として利用されている。

　　　3桁の7セグメント表示器の場合，各桁ごとに1桁目，2桁目，3桁目，1桁目，……のように，順番にデータ出力とそのON／OFF制御を繰り返して行い，7セグメントLEDを点灯制御させている。このような制御をダイナミック点灯制御と呼び，本章では，タイマ0割込みによるインターバルタイマを利用する。

　　　プログラムの仕組みは，配列に0～9までの表示データを格納し，タイマ0によってインターバル時間を決め，インターバルごとに配列の表示データを指示することによって，ダイナミック点灯制御を行っている。

7.1　ダイナミック点灯制御

　図7.1は，3桁表示の7セグメント表示器である。その部品配置を図7.2に示す。7セグメントLED NKR161（C-551SR）はカソードコモンといい，LEDのカソードが共通になっている。例えば，4を表示させるには，a～gまでのセグメントのうち，b，c，f，gのセグメントLEDに，電流制限用の抵抗を通して電流を流せばよい。ピン番号6，4，9，10を"H"にし，3または8（カソードコモン）を"L"にする。カソードコモン端子には，各セグメントの電流が集中するので，トランジスタによる電流増幅作用を利用している。

　表7.1は，0～9までの10進数表示とPORTB出力，各セグメントLEDの対

応を示す．

　図 7.1 において，3 つの 7 セグメント LED は，並列に接続され，7 つの電流制限用の抵抗を共有している．このため，7 セグメント LED の点灯制御を，例えば，1 桁目，2 桁目，3 桁目，1 桁目，……のように，順番に繰り返し点灯さ

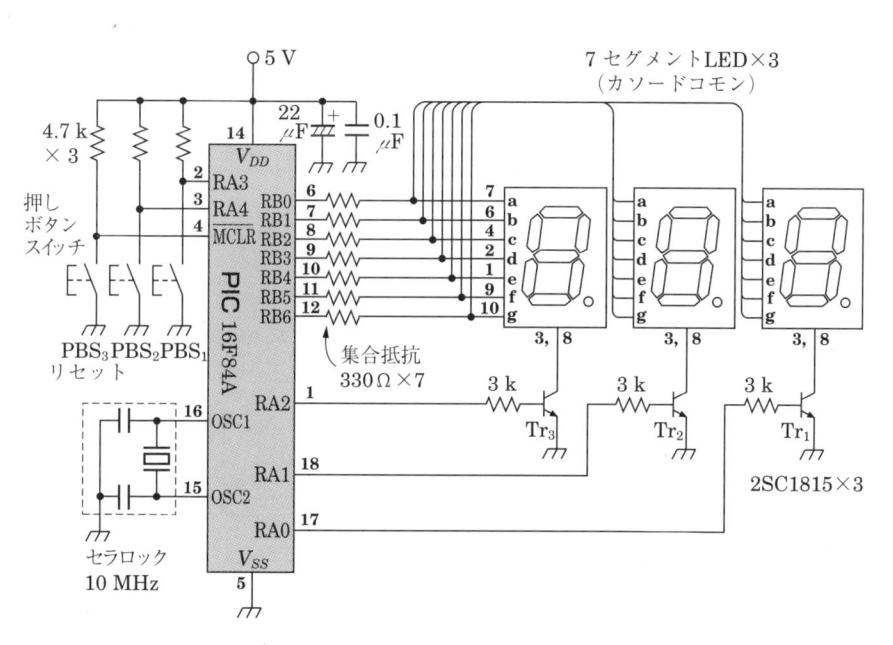

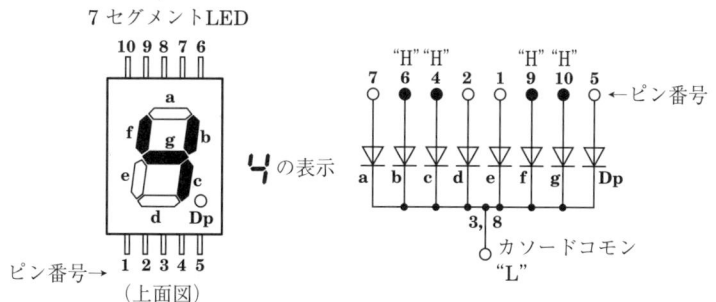

図 7.1　7 セグメント表示器

7.1 ダイナミック点灯制御

せる。これは，各7セグメントLEDのカソードコモン端子に接続されているトランジスタのON/OFFを切り替えればよい。このような点灯制御を**ダイナミック点灯制御**と呼んでいる。

図7.3は，ダイナミック点灯制御のタイムチャートである。図7.1の回路図と図7.3によって，ダイナミック点灯制御の動作をみてみよう。

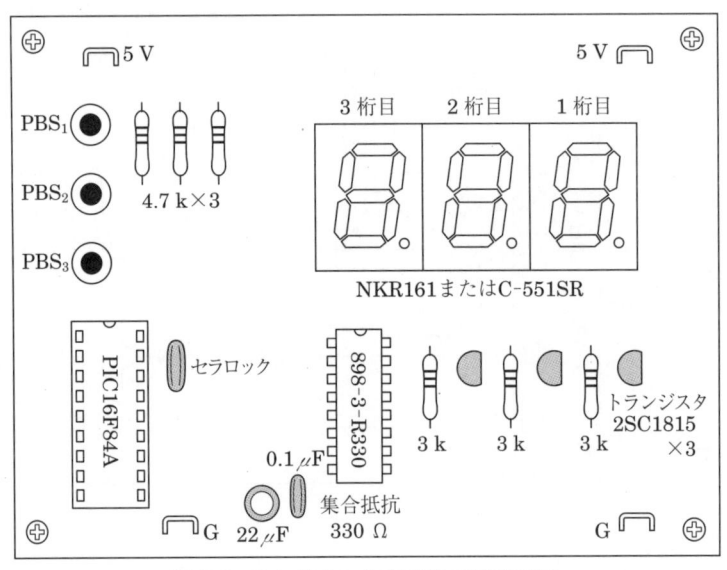

図7.2 7セグメント表示器の部品配置

ダイナミック点灯制御の動作

❶ 3桁の数字を345と表示することにする。

❷ 1桁目の5を表示させるには，a, c, d, f, gの各セグメントLEDをONにする。表7.1から，PORTBデータ出力を"0110 1101"とする。

❸ 同時にRA0を"H"にし，1桁目のトランジスタTr_1をONにする。a, c, d, f, gの各セグメントLEDを点灯させる電流は，コレクタ電流となってTr_1に流れる。

図7.3 ダイナミック点灯制御のタイムチャート

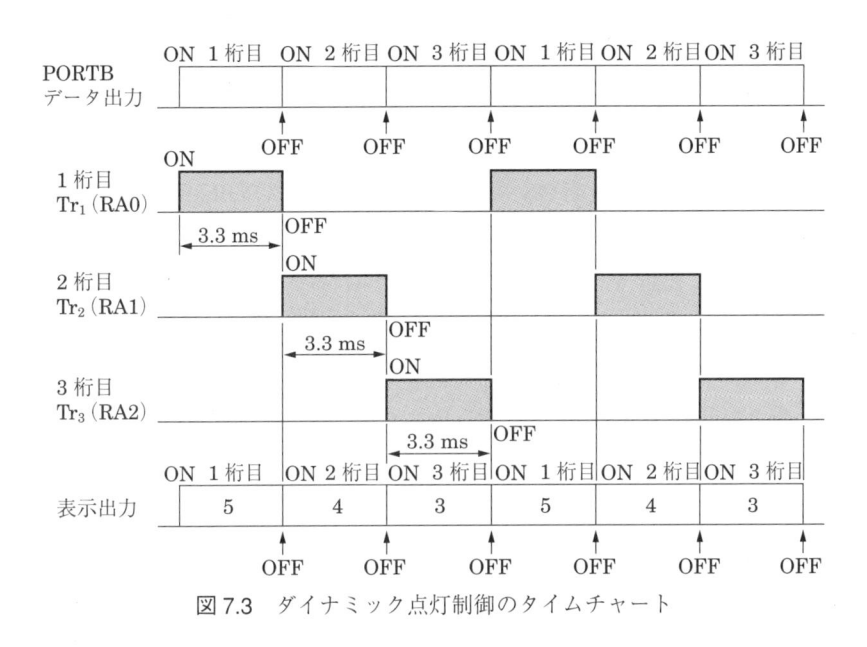

表7.1 10進数表示とPORTB出力,各セグメントLEDの対応

D_P	RB6 g	RB5 f	RB4 e	RB3 d	RB2 c	RB1 b	RB0 a	RORTB 出力	10進数表示
0	0	1	1	1	1	1	1		0
0	0	0	0	0	1	1	0		1
0	1	0	1	1	0	1	1		2
0	1	0	0	1	1	1	1		3
0	1	1	0	0	1	1	0		4
0	1	1	0	1	1	0	1		5
0	1	1	1	1	1	0	0		6
0	0	0	0	0	1	1	1		7
0	1	1	1	1	1	1	1		8
0	1	1	0	0	1	1	1		9

7.1 ダイナミック点灯制御

❹ インターバル時間により，1桁目の5を表示する時間を3.3msとする。
❺ ここで，1桁目を表示するPORTBデータ出力とTr$_1$をOFFにする。
❻ 次に，2桁目の4を表示する。4を表示させるには，b, c, f, gの各セグメントLEDをONにする。表7.1から，PORTBデータ出力を"0110 0110"とする。
❼ 同時にRA1を"H"にし，2桁目のトランジスタTr$_2$をONにする。
❽ インターバル時間により，2桁目の4を表示する時間を3.3msとする。
❾ ここで，2桁目を表示するPORTBデータ出力とTr$_2$をOFFにする。
❿ 3桁目の3の表示も同様で，PORTBデータ出力は"0100 1111"である。
⓫ 以上のように，3.3ms間隔という高速で，各7セグメントLEDの繰返し点灯制御をしている。
⓬ 3.3msという短時間だけ，各桁の7セグメントLEDは点灯していることになるが，人間の目には残像現象があり，**繰返し点灯制御**のため，連続して各桁が点灯しているように見える。
⓭ PICと7セグメント表示器が離れているようなとき，リード線の信号の遅れにより，前の桁が次の桁に一瞬表示されて，表示がちらつくことがある。このような場合，どの桁も表示しない各桁のOFFの時間を少し長くするとよい。
⓮ 図7.1では，PICと7セグメント表示器は同一基板上にあるので，⓭のOFFの時間は一瞬である。

図7.1において，押しボタンスイッチPBS$_1$をONにすると，3桁の7セグメント表示器は345を表示する。PBS$_3$ ONでリセットになる。PBS$_2$は使用しない。

プログラム7.1にダイナミック点灯制御のプログラムを示す。

プログラム 7.1　ダイナミック点灯制御

```
#include <16f84a.h>
#fuses HS,NOWDT,NOPROTECT
#use delay(clock=10000000)
#define SECMAX 1
#byte port_a=5
#byte port_b=6
int STROBE=0x04;
int POINT,sec;
int segment_data[]={0x6d,0x66,0x4f};
#INT_RTCC                          ………………………………………タイマ0の割込み使用宣言
rtcc_isr()                         ………………………………………タイマ0の割込み処理関数
{
  sec=sec-1;
  if(sec==0)
  {
    sec=SECMAX;
    POINT=(++POINT) & 0x03;
    if((STROBE<<=1)==0x08)
    {
      STROBE=0x01;
      POINT=0;
    }
    port_b=segment_data[POINT];
    port_a=STROBE;
  }
}
main()
{
  while(1)
  {
    if(input(PIN_A3)==0)           ………………………………………PBS₁ ON
      break;
  }
  set_tris_a(0x18);
```

```
    set_tris_b(0);
    setup_counters(RTCC_INTERNAL,RTCC_DIV_32);
    sec=SECMAX;
    enable_interrupts(INT_RTCC);     ……………………タイマ0の割込み許可
    enable_interrupts(GLOBAL);       ……………………………グローバル割込み許可
    while(1)     ………………………………………………………割込み待ちのアイドルループ
    {
    }
}
```

●解説

int STROBE=0x04;

　STROBE（ストローブ）と名付けた int 型変数の定義と初期化。

int segment_data[]={0x6d, 0x66, 0x4f};

　int 型配列の定義とデータ内容。表 7.1 より，0x6d：5，0x66：4，0x4f：3 となる。

sec=SECMAX; ……………………………… SECMAX の値 1 を sec に代入する。

POINT=(++POINT) & 0x03; ……… POINT の値をインクリメント(+1)し，0x03 とのアンドをとる。

if((STROBE<<=1)==0x08) ………… ビット代入演算子<<=は，STROBE の値を 1 だけ左シフトし，STROBE に代入する。この STROBE の値が 0x08 に等しくなったら次に行く。

{

　　STROBE=0x01; ……………… 0x01 を STROBE に代入する。

　　POINT=0; ………………………… POINT をクリア(0)する。

}

port_b=segment_data[POINT]; ---- segment_data の値を PORTB に出力する。

port_a=STROBE; ………………………… STROBE の値を PORTA に出力する。

図 7.4 において，7 セグメント表示器の点灯順序をみてみよう。

① 変数 STROBE の値は，初期化によって STROBE=0x04 になっている。

② (STROBE<<=1)により，STROBE の値は 1 ビット左シフトする。

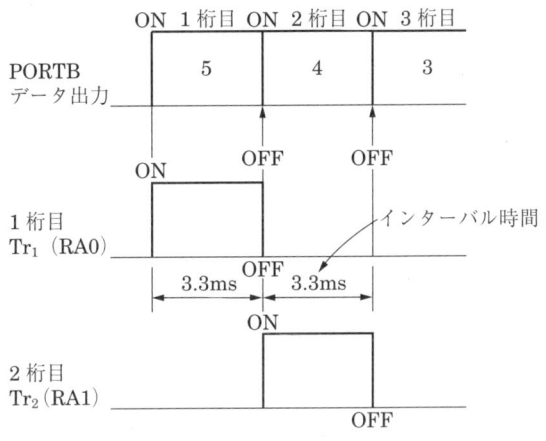

```
             ON 1桁目 ON 2桁目 ON 3桁目
    PORTB    ┌──────┬──────┬──────┐
    データ出力 │   5  │   4  │   3  │
             └──────┴──────┴──────┘
                ON    OFF    OFF
    1桁目       ┌──────┐
    Tr₁(RA0)    │      │         ← インターバル時間
             ───┘      └────────────
                   OFF
             ←3.3ms→←3.3ms→
                      ON
    2桁目              ┌──────┐
    Tr₂(RA1)           │      │
             ──────────┘      └────
                            OFF
```

図 7.4　点灯順序とインターバル時間

  0100（0x04）
   ←左シフト
  1000（0x08）

この結果，STROBE=0x08 になる。

③ if((STROBE<<=1)==0x08) により，

   STROBE=0x01;--------変数 STROBE に 0x01 を代入する。

   POINT=0;----------------変数 POINT に 0 を代入する。

④ port_b=segment_data[0];により，PORTB に 0x6d(5)を出力する。
         ↑   └→配列の 0 番目のデータ
        POINT

同時に port_a=0x01;により，PORTA に 0x01 を出力する。
     ↑   └→RA0 が 1 となり，1 桁目の
    STROBE   Tr₁ が ON になる。

以上の結果，1 桁目の 5 が表示される。

⑤ 割込みのインターバル時間(約 3.3ms)が経過すると，POINT=(++POINT) & 0x03;により，POINT の値 0 はインクリメント(+1)され，POINT=1 になる。

⑥ (STROBE<<=1)により，STROBE の値は 1 ビット左シフトする。

  0001（0x01）
   ←左シフト
  0010（0x02）

この結果，STROBE=0x02 になる。
⑦　port_b=segment_data[1]; により，PORTB に 0x66(4)を出力する。
　　　　　　　　　↑   ↳ 配列の1番目のデータ
　　　　　　　POINT

　　同時に port_a=0x02; により，PORTA に 0x02 を出力する。
　　　　　　　　↑   ↳ RA1 が 1 となり，2 桁目の
　　　　　　STROBE   Tr$_2$ が ON になる。
⑧　同様にして，3 桁目，1 桁目，2 桁目……と繰り返す。

setup_counters(RTCC_INTERNAL,RTCC_DIV_32);
　　この関数は，RTCC(タイマ 0)の初期設定をする。
　　　　　　　RTCC_INTERNAL：内部命令クロックを使用する。
　　　　　　　RTCC_DIV_32：プリスケール値を 32 に指定する。
　　　　　　インターバル時間=32×256×0.4×10^{-6}=3.2768×10^{-3}s
　　　　　　　　　プリスケール値┘　↑　　　↑　　　≒3.3ms
　　　　　　　　　　タイマ 0 のカウント数　　F$_{osc}$/4=2.5×10^{6}Hz
　　　　　　　　　　　　　　　　　　　　周期=1/2.5×10^6=0.4×10^{-6}s

7.2　3 桁加算カウンタ

図 7.1 において，押しボタンスイッチ PBS$_1$ を ON にすると，3 桁の 7 セグメント表示器は 000 を表示する。PBS$_2$ の ON／OFF の繰り返しにより，3 桁の加算カウンタになる。PBS$_3$ の ON でリセットする。

プログラム 7.2 に，3 桁加算カウンタのプログラムを示す。

プログラム 7.2　**3 桁加算カウンタ**

```
#include <16f84a.h>
#fuses HS,NOWDT,NOPROTECT
#use delay(clock=10000000)
#define SECMAX 1
#byte port_a=5
#byte port_b=6
int STROBE=0x04;
```

```
int POINT1=0;
int POINT2=0;
int POINT3=0;            0    1    2    3    4    5    6
int sec,a,b,c,d,e;       ↓    ↓    ↓    ↓    ↓    ↓    ↓
int segment_data[]={0x3f,0x06,0x5b,0x4f,0x66,0x6d,0x7c,
                    0x07,0x7f,0x67};
#INT_RTCC          ‥‥‥‥‥‥‥↑‥‥‥↑‥‥‥↑‥‥‥‥‥‥‥‥タイマ0の割込み使用宣言
rtcc_isr()                  7   8   9    ‥‥‥‥‥‥‥‥‥タイマ0の割込み処理関数
{
  if(input(PIN_A4)==0)
  {
    delay_ms(30);
    d=input(PIN_A4);
    if(e==1 && d==0)         ‥‥‥‥‥‥‥‥‥‥‥eが1でかつdが0という条件
    {                                         1桁目
      a=a+1;                 ‥‥‥‥‥‥‥‥‥‥‥aの値をインクリメント(+1)する
      POINT1=a;              ‥‥‥‥‥‥‥‥‥‥‥aの値をPOINT1に代入
      e=d;
      if(a==0x0a)    ‥‥‥‥‥aの値がインクリメント(+1)され、aの値が0x0a
      {                      (10)になったら、aに0を代入、aをクリアする
        a=0;                              2桁目
        b=b+1;               ‥‥‥‥‥‥‥‥‥‥‥bの値をインクリメント(+1)する
        POINT2=b;            ‥‥‥‥‥‥‥‥‥‥‥bの値をPOINT2に代入
      }
      if(b==0x0a)    ‥‥‥‥bの値が0x0a(10)になったら、bの値をクリア(0)する
      {
        b=0;                              3桁目
        c=c+1;               ‥‥‥‥‥‥‥‥‥‥‥cの値をインクリメント(+1)する
        POINT3=c;            ‥‥‥‥‥‥‥‥‥‥‥cの値をPOINT3に代入
      }
      if(c==0x0a)    ‥‥‥‥cの値が0x0a(10)になったら、cの値をクリア(0)する
        c=0;
    }
    else      ⎤
      e=d;    ⎦‥‥‥‥‥‥‥‥‥‥‥‥さもなくばd==1なのでeにdの値1を代入する
  }
  sec=sec-1;
  if(sec==0)
  {
    sec=SECMAX;
```

```
    if((STROBE<<=1)==0x08)
    {
      STROBE=0x01;
      POINT1=a;
      port_b=segment_data[POINT1];
      port_a=STROBE;
    }
    if(STROBE==0x02)
    {
      POINT2=b;
      port_b=segment_data[POINT2];
      port_a=STROBE;
    }
    if(STROBE==0x04)
    {
      POINT3=c;
      port_b=segment_data[POINT3];
      port_a=STROBE;
    }
  }
}
main()
{
  while(1)
  {
    if(input(PIN_A3)==0)          ················································ PBS₁ ON
      break;
  }
  set_tris_a(0x18);
  set_tris_b(0);
  setup_counters(RTCC_INTERNAL,RTCC_DIV_32);
  sec=SECMAX;
  a=0;b=0;c=0;
  enable_interrupts(INT_RTCC);    ···················· タイマ0の割込み許可
  enable_interrupts(GLOBAL);      ···················· グローバル割込み許可
  while(1)
  {
  }
}
```

●解説

if((STROBE<<=1)==0x08)
{
  STROBE=0x01;
  POINT1=a;
  port_b=segment_data[POINT1];
  port_a=STROBE;
}
if(STROBE==0x02)
{
  POINT2=b;
  port_b=segment_data[POINT2];
  port_a=STROBE;
}

≪7セグメント表示器の点灯順序≫

① 変数 STROBE の値は，初期化によって STROBE=0x04 になっている。

② (STROBE<<=1)により，STROBE の値は 1 ビット左シフトする。

  0100(0x04)
  ←左シフト
  1000(0x08)

 この結果，STROBE=0x08 になる。

③ if((STROBE<<=1)==0x08)により，

  STROBE=0x01; ……… 変数 STROBE に 0x01 を代入する。

  POINT1=a; ………… a は 1 桁目のデータで，POINT1 に代入する。

④ port_b=segment_data[POINT1];により，1 桁目のデータ a を PORTB に出力する。同時に，port_a=<u>0x01</u>;により，PORTA に <u>0x01</u> を出力する。
        ↑   ↓
       STROBE   RA0 が 1 となり，1 桁目の Tr_1 が ON になる。1 桁目の a の値が表示される。

7.2 3 桁加算カウンタ

⑤ 割込みのインターバル時間（約 3.3ms）が経過すると，(STROBE<<=1) により，STROBE の値は 1 ビット左シフトする。

```
0001(0x01)
 ←左シフト
0010(0x02)
```

この結果，STROBE=0x02 になる。

⑥ POINT2=b; により，2 桁目の b の値を POINT2 に代入する。

port_b=segment_data[POINT2]; により，2 桁目のデータ b を PORTB に出力する。同時に port_a=0x02; により，PORTA に 0x02 を出力する。
　　　　　　　　　　　　　　↑　　　　　　　　　　　　　　↓
　　　　　　　　　　　　STROBE　　　　　　　　RA1 が 1 となり，2 桁目の Tr_2 が ON になる。2 桁目の b の値が表示される。

⑦ 3 桁目の c の値の表示も同様である。

7.3　3 桁減算カウンタ

3 桁加算カウンタと同様にして，図 7.1 から 3 桁減算カウンタをつくることができる。図 7.1 において，押しボタンスイッチ PBS_1 を ON にすると，3 桁の 7 セグメント表示器は 999 を表示する。PBS_2 の ON／OFF の繰り返しにより，3 桁の**減算カウンタ**になる。PBS_3 の ON でリセットする。

プログラム 7.3 に，3 桁減算カウンタのプログラムを示す。

プログラム 7.3　3 桁減算カウンタ

```
#include <16f84a.h>
#fuses HS,NOWDT,NOPROTECT
#use delay(clock=10000000)
#define SECMAX 1
#byte port_a=5
#byte port_b=6
int STROBE=0x04;
```

```c
int POINT1=0;
int POINT2=0;
int POINT3=0;
int sec,a,b,c,d,e;
int segment_data[]={0x3f,0x06,0x5b,0x4f,0x66,0x6d,0x7c,
                    0x07,0x7f,0x67};
#INT_RTCC
rtcc_isr()
{
  if(input(PIN_A4)==0)
  {
    delay_ms(30);
    d=input(PIN_A4);
    if(e==1 && d==0)
    {
      a=a-1;
      POINT1=a;
      e=d;
      if(a==-1)
      {
        a=9;
        b=b-1;
        POINT2=b;
      }
      if(b==-1)
      {
        b=9;
        c=c-1;
        POINT3=c;
      }
      if(c==-1)
        c=9;
    }
    else
      e=d;
  }
  sec=sec-1;
  if(sec==0)
  {
    sec=SECMAX;
```

7.3 3桁減算カウンタ

```
    if((STROBE<<=1)==0x08)
    {
      STROBE=0x01;
      POINT1=a;
      port_b=segment_data[POINT1];
      port_a=STROBE;
    }
    if(STROBE==0x02)
    {
      POINT2=b;
      port_b=segment_data[POINT2];
      port_a=STROBE;
    }
    if(STROBE==0x04)
    {
      POINT3=c;
      port_b=segment_data[POINT3];
      port_a=STROBE;
    }
  }
}
main()
{
  while(1)
  {
    if(input(PIN_A3)==0)
      break;
  }
  set_tris_a(0x18);
  set_tris_b(0);
  setup_counters(RTCC_INTERNAL,RTCC_DIV_32);
  sec=SECMAX;
  a=9;b=9;c=9;
  enable_interrupts(INT_RTCC);
  enable_interrupts(GLOBAL);
  while(1)
  {
  }
}
```

8. 自走三輪車

　本章では，自走ロボットとも称される PIC 搭載の自走三輪車を製作する。PIC によってギヤボックス付きの 2 つの DC モータを制御し，センサとして 3 セットの超音波センサを使用する。障害物を避け，前進，後退，右折，左折をする。

　この自走三輪車は，次のような特徴がある。

1) 三輪車本体を構成する部品は模型店で手に入り，制御回路の部品も入手が容易である。
2) 超音波受信回路が 3 つあるので部品数は多くなるが，回路の動作とプログラムは理解しやすい。
3) 使用するセンサは，光電センサではなく超音波センサなので，比較的低費用でつくることができる。
4) ライントレーサのようにラインは必要なく，床の上ならどこでも動かすことができる。
5) 欠点は，前面に来る障害物の位置や形によっては，障害物にぶつかり，停止することもよくある。
6) 上記の欠点を利用し，遊び方として，どれだけ長い時間動いていることができるか競争することもできる。

8.1　自走三輪車の構造

　図 8.1 は，PIC 搭載の自走三輪車の外観である。田宮模型のユニバーサルプレート，ツインモータギヤボックスとスポーツタイヤセット（56mm 径），および小形プラスチックキャスタを組み合わせて三輪車の本体をつくっている。この三輪

(a) 表面　　　　　　　　　　(b) 裏面

図 8.1　自走三輪車の外観

　車には，3 セットの**超音波センサ**を用いた PIC 制御基板と，モータ駆動用電池ボックスおよび PIC 回路用 006P 電池ホルダが搭載されている。

　この自走三輪車は，センサ回路として，**反射方式**の超音波センサを前面と左右の側面に 3 セット用意し，その入力に応じて左右の DC モータを制御し，障害物を避けながら前進，後退，右折，左折をする。ただし，前面に来る障害物の位置や形によっては，前面の超音波センサが反射波を捕らえることができず，自走三輪車は障害物にぶつかることもある。

8.2　自走三輪車の制御回路

　図 8.2 に，自走三輪車の制御回路を示す。PIC 回路の電源は，アルカリ乾電池 9V(006P) を三端子レギュレータ 78L05 の入力とし，定電圧 5V を得ている。DC モータのドライブ IC には，図 9.6 で使用する TA7257P を 2 つ使用し，その電源として，単三形ニッケル水素電池 1.2V を 4 本直列接続で使用している。ニッケル水素電池は**充電式電池**であるので，**充電器**が必要となるが，1 本 1 700mAh

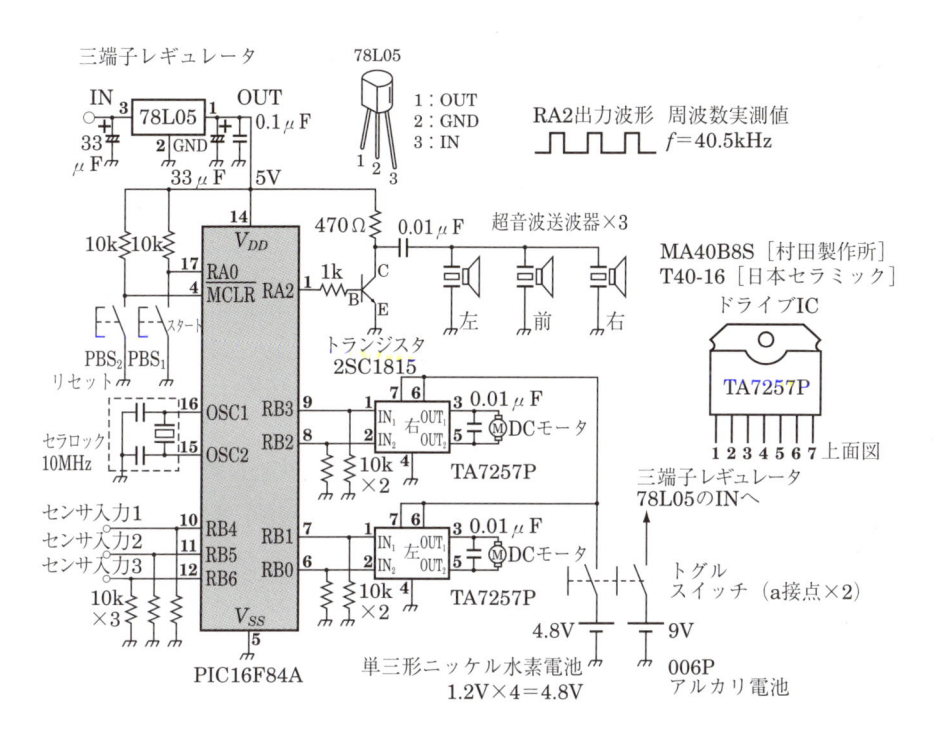

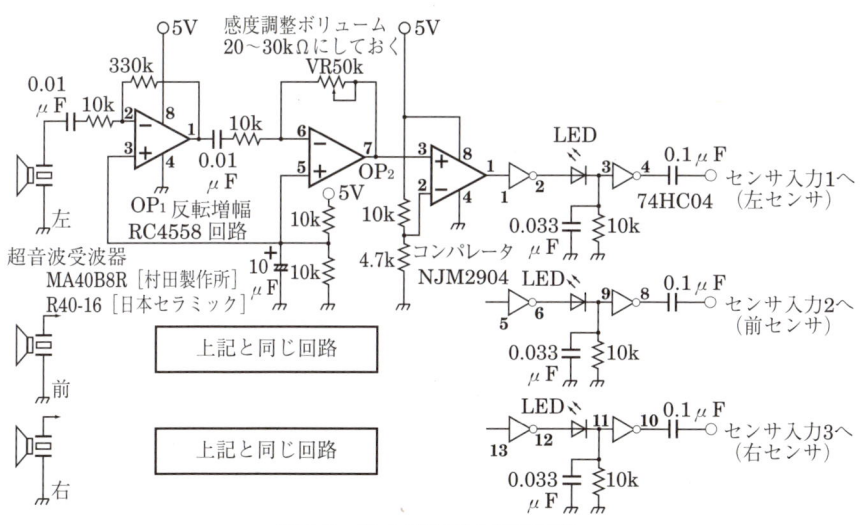

図 8.2 自走三輪車の制御回路

表 8.1　ドライブ IC の真理値表

入力		出力		モータ
IN_1	IN_2	OUT_1	OUT_2	の回転
0	1	L	H	正／逆転
1	0	H	L	逆／正転
0	0	高インピーダンス		停止
1	1	L	L	ブレーキ

もの容量があり，この自走三輪車の駆動には適している。

DC モータは，表 8.1 に示すドライブ IC の真理値表に従って動作する。

図 8.2 において，前面と左右の側面にある超音波送波器は，3 つの並列接続となっていて，PIC のプログラムによって約 40kHz のパルスをつくり，トランジスタ駆動回路によって送波器から超音波を送波する。このため，超音波送信回路は簡単になる。超音波受信回路は 3 つ独立している。

送波器より発信した超音波は，障害物で反射され受波器に入射する。すると，1 つのパルスがつくられ，PIC のセンサ入力となる。この入力に応じて駆動回路のドライブ IC を制御し，自走三輪車はプログラムに従った走行をする。

8.3　自走三輪車のプログラム

図 8.3 は，自走三輪車のフローチャートである。プログラムをプログラム 8.1 に示す。

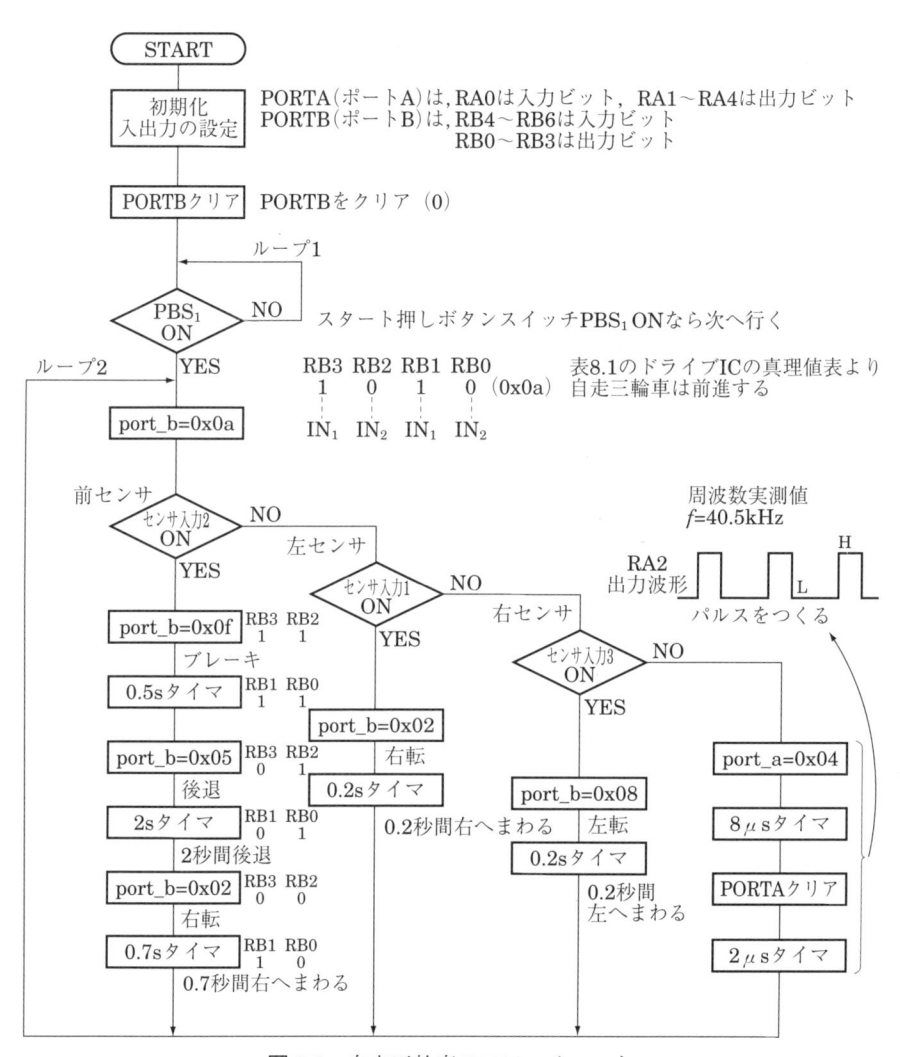

```
                    ┌─────────┐
                    │  START  │
                    └────┬────┘
                         │
              ┌──────────┴──────────┐
              │   初期化            │   PORTA(ポートA)は，RA0は入力ビット，RA1～RA4は出力ビット
              │   入出力の設定      │   PORTB(ポートB)は，RB4～RB6は入力ビット
              └──────────┬──────────┘               RB0～RB3は出力ビット
                         │
              ┌──────────┴──────────┐
              │  PORTBクリア        │   PORTBをクリア（0）
              └──────────┬──────────┘
                         │←────── ループ1
                         │
                    ┌────┴────┐  NO
                    │  PBS₁   ├─────── スタート押しボタンスイッチPBS₁ONなら次へ行く
                    │   ON    │
                    └────┬────┘
  ループ2            YES │
                         │           RB3 RB2 RB1 RB0   表8.1のドライブICの真理値表より
                    ┌────┴────┐       1   0   1   0   (0x0a)  自走三輪車は前進する
                    │port_b=0x0a│     IN₁ IN₂ IN₁ IN₂
                    └────┬────┘
       前センサ           │
                    ┌────┴────┐ NO
                    │センサ入力2├──────┐
                    │   ON    │      左センサ
                    └────┬────┘    ┌────┴────┐ NO                         周波数実測値
                     YES │         │センサ入力1├──────┐                    f=40.5kHz
                         │         │   ON    │     右センサ              RA2         ┌─┐   ┌─┐H
                    ┌────┴────┐    └────┬────┘   ┌────┴────┐ NO         出力波形 ─┘ └─┘ └─┘ L
                    │port_b=0x0f│ RB3 RB2 │         │センサ入力3├──────┐       パルスをつくる
                    └────┬────┘  1   1   YES│       │   ON    │
                      ブレーキ              │       └────┬────┘
                    ┌────┴────┐       ┌────┴────┐   YES │
                    │0.5sタイマ│ RB1 RB0│port_b=0x02│      │           ┌──────────┐
                    └────┬────┘  1   1 └────┬────┘      │           │port_a=0x04│
                         │              右転 │      ┌────┴────┐     └────┬─────┘
                    ┌────┴────┐       ┌────┴────┐│port_b=0x08│          │
                    │port_b=0x05│ RB3 RB2│0.2sタイマ│└────┬─────┘     ┌────┴────┐
                    └────┬────┘  0   1 └────┬────┘    左転│           │8μsタイマ│
                      後退                   │      ┌────┴────┐     └────┬─────┘
                    ┌────┴────┐ RB1 RB0  0.2秒間右へまわる│0.2sタイマ│          │
                    │2sタイマ  │  0   1              └────┬─────┘     ┌────┴────┐
                    └────┬────┘                         │             │PORTAクリア│
                      2秒間後退                     0.2秒間           └────┬─────┘
                    ┌────┴────┐                        左へまわる           │
                    │port_b=0x02│ RB3 RB2                                ┌────┴────┐
                    └────┬────┘  0   0                                 │2μsタイマ│
                      右転                                              └────┬─────┘
                    ┌────┴────┐ RB1 RB0                                      │
                    │0.7sタイマ│  1   0                                      │
                    └────┬────┘                                              │
                      0.7秒間右へまわる                                       │
                         └──────────────────────────────────────────────────┘
```

図8.3　自走三輪車のフローチャート

プログラム 8.1　自走三輪車

```
#include <16f84a.h>
#fuses HS,NOWDT,NOPROTECT
#use delay(clock=10000000)
#byte port_a=5
#byte port_b=6
main()
{
  set_tris_a(0x01);
  set_tris_b(0x70);
  port_b=0;
  while(1)                    ……………………………………………ループ 1
  {
    if(input(PIN_A0)==0)      …………スタート押しボタンスイッチ PBS$_1$ ON
      break;
  }
  while(1)                    ……………………………………………ループ 2
  {                                    RB3 RB2 RB1 RB0
    port_b=0x0a;              ……………  1   0   1   0  (0x0a)  前進
    if(input(PIN_B5)==1)  ……           IN$_1$ IN$_2$ IN$_1$ IN$_2$
    {                                  センサ入力 2 (前センサ) ON，前
      port_b=0x0f;            ………………………………………………ブレーキ
      delay_ms(500);
      port_b=0x05;            ………………………………………………………後退
      delay_ms(2000);
      port_b=0x02;            ………………………………………………………右旋回
      delay_ms(700);
    }
    else if(input(PIN_B4)==1) ……センサ入力 1 (左センサ) ON，左側に
    {                                障害物あり
      port_b=0x02;            ………………………………………………………右まわり
      delay_ms(200);
    }
    else if(input(PIN_B6)==1) ……センサ入力 3 (右センサ) ON，右側に
    {                                障害物あり
```

```
      port_b=0x08;                           ……………………………… 左まわり
      delay_ms(200);
    }
    else
    {
      port_a=0x04;           ⎫          約40kHz のパルスをつくる
      delay_us(8);           ⎬ ………………… RA2
      port_a=0;              ⎪          出力波形
      delay_us(2);           ⎭                周波数
    }                                         実測値 f=40.5kHz
  }
}
```

自走三輪車の動作を述べよう。

自走三輪車の動作

❶ スタート押しボタンスイッチ PBS_1 を ON にする。

❷ 自走三輪車は前進する。

❸ 前方に障害物があると，センサ入力2（前センサ）は ON になる。

❹ このセンサ入力が ON になる自走三輪車と障害物との距離は，超音波受信回路の感度調整ボリューム VR50kΩ で調整できる。

❺ VR50KΩ の抵抗値を大きくすると高感度になり，センサが反応する距離は長くなる。

❻ センサ入力2（前センサ）が ON になると，ブレーキがかかり，0.5秒間停止する。

❼ その後，2秒間だけ後退する。そして，0.7秒間右旋回をする。

❽ 自走三輪車は再び前進する。

❾ 自走三輪車の左側に障害物があると，センサ入力1（左センサ）が ON となり，0.2秒間だけ右まわりの動きをする。

❿ 同様に右側に障害物があると，センサ入力3（右センサ）が ON とな

り，0.2 秒間だけ左まわりの動きをする。
⓫ 後退，右まわり，左まわりをしているときは，else からのプログラムで，約 40kHz のパルスはつくられていない。このため，上記の動作のときには，センサ入力はない。
⓬ PBS_2 を押すとリセットし，自走三輪車は停止する。

9. PIC16F873 を使用した制御実験

PIC16F873 は，PIC16F84A にはない A–D 変換機能や周期的なパルスを発生させる PWM 機能などがある。これらの機能を有効に利用して，ディジタル温度計の製作と DC モータの制御を試みる。

このディジタル温度計は，液晶表示ではなく，7 セグメント LED を 3 つ使用した実用装置で，大きな表示器にすることもできる。IC 化温度センサと PIC16F873 の A–D 変換機能を使い，2〜99.9℃ まで表示できる。

DC モータの制御回路は，PIC16F873 の A–D 変換機能と PWM 機能，および DC モータドライブ IC を使用し，正転・逆転・ブレーキ・速度制御ができる。

本章では，新たに A–D 変換や PWM 関係のプリプロセッサコマンドや，組込み関数を使用するので，その都度，詳しく説明していくことにする。

9.1 ディジタル温度計

9.1.1 PIC16F873

図 9.1 は，PIC16F873 の外観とピン配置であり，表 9.1 にピンアウトの説明を示す。

PIC16F873 は，主な特徴として次のようなものがある。
① 基本的なハードウェア構成は PIC16F84A と同じである。
② フラッシュプログラムメモリは 4k ワードあり，1 000 回程度書き換える

(a) 外観

```
         MCLR/V_PP/THV → □ •1        28 □ ↔ RB7/PGD
              RA0/AN0 ↔ □  2        27 □ ↔ RB6/PGC
              RA1/AN1 ↔ □  3        26 □ ↔ RB5
         RA2/AN2/V_REF- ↔ □  4       25 □ ↔ RB4
         RA3/AN3/V_REF+ ↔ □  5       24 □ ↔ RB3/PGM
            RA4/T0CKI ↔ □  6        23 □ ↔ RB2
           RA5/AN4/SS ↔ □  7        22 □ ↔ RB1
                 V_SS → □  8        21 □ ↔ RB0/INT
           OSC1/CLKIN → □  9        20 □ ← V_DD
          OSC2/CLKOUT ← □ 10        19 □ ← V_SS
       RC0/T1OSO/T1CKI ↔ □ 11       18 □ ↔ RC7/RX/DT
         RC1/T1OSI/CCP2 ↔ □ 12      17 □ ↔ RC6/TX/CK
              RC2/CCP1 ↔ □ 13       16 □ ↔ RC5/SDO
             RC3/SCK/SCL ↔ □ 14     15 □ ↔ RC4/SDI/SDA
```

(b) ピン配置

図 9.1 PIC16F873 の外観とピン配置

表 9.1 PIC16F873 ピンアウトの説明

ピンの名称	DIP Pin#	説　　明
OSC1/CLKIN	9	オシレータ水晶入力/外部クロックソース入力
OSC2/CLKOUT	10	オシレータ水晶出力．水晶オシレータモード時に水晶またはセラミック発振子に接続．RC モードでは，OSC2 は OSC1 の 1/4 の周波数の CLKOUT（命令サイクル）を出力する．
$\overline{\text{MCLR}}/V_{PP}/\text{THV}$	1	マスタ・クリア（リセット）入力またはプログラム電圧入力または高電圧テストモード制御．このピンはデバイスのアクティブ・ロー・リセットになる．
RA0/AN0 RA1/AN1	2 3	PORTA は双方向 I/O ポートである． 　　RA0 はアナログ入力 0 として選択可能 　　RA1 はアナログ入力 1 として選択可能

RA2/AN2/V_{REF-}		4	RA2 はアナログ入力 2, または負極アナログリファレンス電圧として選択可能.
RA3/AN3/V_{REF+}		5	RA3 はアナログ入力 3, または正極アナログリファレンス電圧として選択可能.
RA4/T0CKI		6	RA4 はタイマ 0 モジュールのクロック入力として選択可能。出力はオープンドレインタイプ.
RA5/$\overline{SS}$/AN4		7	RA5 はアナログ入力 4 または同期シリアルポートのスレーブセレクトとして選択可能.
RB0/INT		21	PORTB は双方向 I/O ポートである. PORTB は全入力で内部弱プルアップがソフトウエアで選択可能である. RB0 は外部割込みピンとして選択可能.
RB1		22	
RB2		23	
RB3/PGM		24	RB3 低電圧プログラミング入力として選択可能.
RB4		25	ピン変化による割込み
RB5		26	ピン変化による割込み
RB6/PGC		27	ピン変化による割込み, またはイン・サーキットデバッガ。シリアルプログラミングクロック
RB7/PGD		28	ピン変化による割込み, またはイン・サーキットデバッガ。シリアルプログラミングデータ.
RC0/T1OSO/T1CKI		11	PORTC は双方向 I/O ポートである. RC0 はタイマ 1 オシレータ出力, またはタイマ 1 クロック入力として選択可能.
RC1/T1OSI/CCP2		12	RC1 はタイマ 1 オシレータ入力, またはキャプチャ 2 入力／コンペア 2 出力／PWM2 出力として選択可能.
RC2/CCP1		13	RC2 はキャプチャ 1 入力／コンペア 1 出力／PWM 1 出力として選択可能.
RC3/SCK/SCL		14	RC3 は SPI および I^{2}C モードどちらでも同期シリアルクロック入力／出力として選択可能.
RC4/SDI/SDA		15	RC4 と SPI データイン（SPI モード）またはデータ I/O（I^{2}C モード）として選択可能.
RC5/SDO		16	RC5 は SPI データアウト（SPI モード）として選択可能.
RC6/TX/CK		17	RC6 は USART 非同期送信, または同期クロックとして選択可能.
RC7/RX/DT		18	RC7 は USART 非同期受信または同期データとして選択可能.
V_{SS}		8, 19	ロジックおよび I/O ピン用接地基準.
V_{DD}		20	ロジックおよび I/O ピン用正極電源.

出典：『データシート PIC16F87X』マイクロチップ・テクノロジー社

9.1 ディジタル温度計

ことができる。

③ I/Oピンは22本あり，ポートAが0～5（RA0～RA5）の6ビット，ポートBが0～7（RB0～RB7）の8ビット，ポートCが0～7（RC0～RC7）の8ビットある。

④ タイマは3種類（TMR0，TMR1，TMR2）ある。

⑤ 2つのキャプチャ，コンペア，PWMモジュールがあり，本書ではPWMを利用する。PWMは，周期的なパルスを発生させる機能である。

⑥ 5チャンネルの10ビットA-Dコンバータがある。本書では，このアナログ-ディジタル変換機能を利用する。

⑦ 動作電圧範囲は，2.0～5.5Vと広く，1ピンごとの最大シンク／ソース電流は25mAとなっている。

9.1.2　ディジタル温度計の制御回路

図9.2は，ディジタル温度計の制御回路であり，その部品配置と外観を図9.3に示す。温度センサは，3.2節ヒステリシスON／OFF温度制御で使用したIC化温度センサLM35DZと同じである。LM35は，1℃当たり10.0mVという温度に比例した電圧を出力するため，温度計の**温度センサ**として最適である。

LM35の出力電圧を，オペアンプによる非反転増幅回路で4.88倍に電圧増幅し，この温度に比例したアナログ電圧をPIC16F873の10ビットA-Dコンバータの入力とする。図9.2ではAN0ピンがアナログ入力ピンであり，5チャンネル分あるAN0～AN4のうち，0チャンネルのみを使用する。

A-D変換された温度データは，ポートBのRB0～RB6から7セグメント表示器へ出力される。表示器の3つの7セグメントLEDは，並列に接続され，7つの電流制限用の抵抗を共有している。このため，7セグメントLEDの点灯制御は，1桁目，2桁目，3桁目，1桁目……のように順番に表示データを出力し，同時に表示データ出力と同期した**ストローブ信号**をポートCのRC0～RC2から出力する。ドライブ用のトランジスタはTr_1，Tr_2，Tr_3の順に駆動され，プログラムにより，3msの周期で**ダイナミック点灯制御**が行われる。

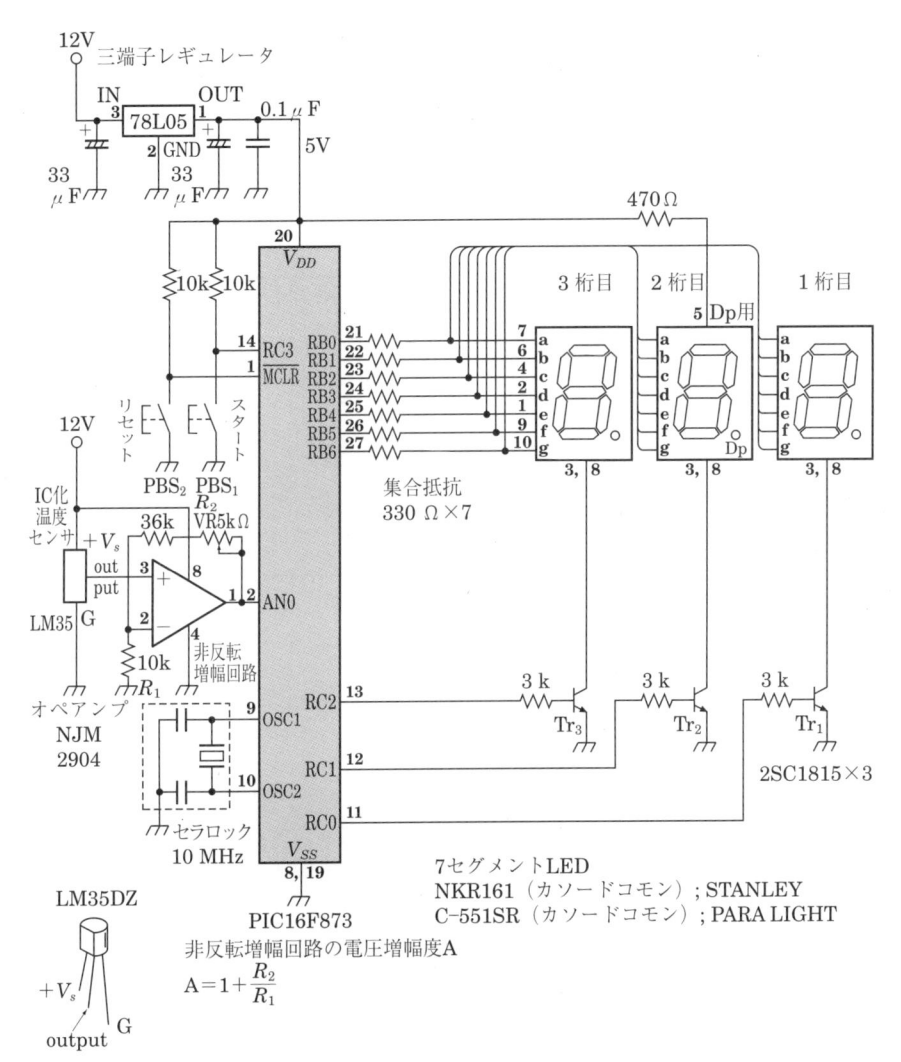

図9.2 ディジタル温度計の制御回路

非反転増幅回路の電圧増幅度A
$$A = 1 + \frac{R_2}{R_1}$$

9.1 ディジタル温度計

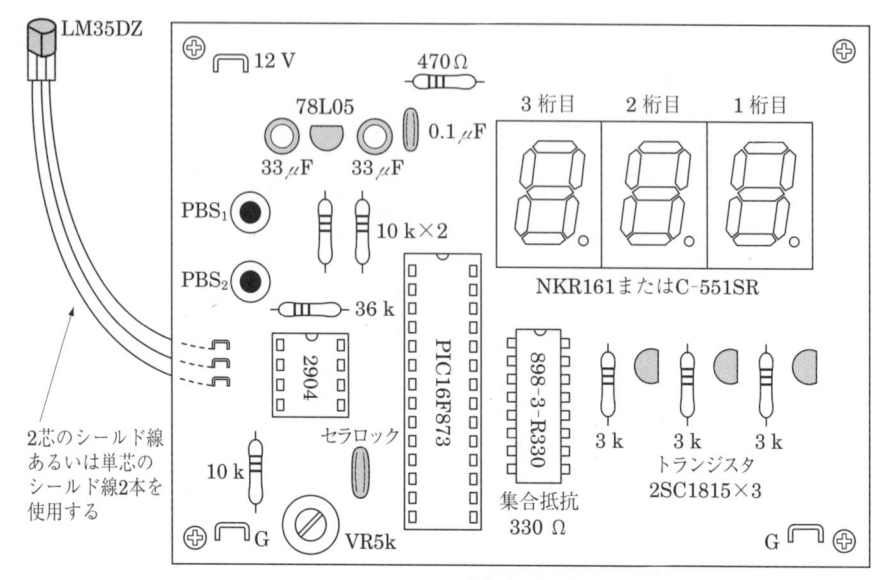

(a) 部品配置

(b) 外観

図 9.3 ディジタル温度計の部品配置と外観

温度センサ回路は，オペアンプ電源として+12Vを使用しているため，+2℃から最大+105℃程度まで温度設定ができるが，3桁の表示器のため，99.9℃までの温度表示になる。2桁目の7セグメントLEDの小数点D_pの位置は固定されているので，5V電源から470Ωの抵抗を通してD_pピンに接続する。

ここで，温度センサ回路について詳しくみてみよう。

温度センサ回路の設計と調整

❶ PIC16F873のA-Dコンバータは，10ビットのため$2^{10}=1\,024$の分解能をもつが，0を含めるので1 023がA-D変換データの最大値となる。

❷ このため，0.1℃ステップで0〜102.3℃までの測定範囲が扱いやすい。しかし，温度センサ回路の電源は+12V単一電源であり，7セグメント表示器が3桁のため，2〜99.9℃までが測定範囲となる。

❸ 計測レンジはV_{SS}(0V)からV_{DD}(5V)の範囲が基本となるが，0〜5Vの範囲で，V_{REF-}(下限電圧)とV_{REF+}(上限電圧)で設定することもできる。

❹ ここでは，最大計測範囲を基本である0〜5Vまでとする。このため，102.4℃のときにオペアンプ出力が5.00Vになるように，非反転増幅回路を設計する。非反転増幅回路の電圧増幅度Aは次の式で与えられる。$A=1+R_2/R_1$。

❺ 温度センサLM35出力は，10.0mV/℃であるので，102.4℃のとき1.024Vになる。必要な非反転増幅回路の電圧増幅度Aは，5.00÷1.024≒4.88となる。

❻ A=4.88，$R_1=10$kΩの場合，$A=1+R_2/R_1$からR_2を求めると，$R_2=R_1(A-1)=10\times10^3(4.88-1)=38.8\times10^3=38.8$kΩになる。

❼ 図9.2に示すように，R_2は，36kΩの抵抗とボリュームVR5kΩとで構成されている。VR5kΩを調整して$R_2=38.8$kΩにする。

❽ あるいは，温度センサ回路に+12Vを印加しておいて，オペアンプ出力がLM35の出力電圧の4.88倍になるように，VR5kΩを調整する。

❾ 最終的には，PIC にプログラムを書き込み，温度表示がなされているとき，LM35 の出力電圧の 100 倍の値を表示するように VR5kΩ を調整する。あるいは，正確なほかの温度計を標準として VR5kΩ の調整で校正することもできる。

❿ 温度センサがリード線によって表示器と離れていると，ノイズの影響で 1 桁目の数字が 3〜4 飛びで変動することがある。このような場合，リード線として 2 芯のシールド線を使い，グランドをシールドの編線とし，$+V_s$ と output は 2 芯線を使用する。2 芯のシールド線の代わりに，単芯のシールド線を 2 本使用してもよい。図 9.3 では，単芯のシールド線を 2 本使用している。

9.1.3 ディジタル温度計のプログラム

図 9.4 は，ディジタル温度計のフローチャートである。プログラムをプログラム 9.1 に示す。

```
                                    int segment_data [] = {……}
                                              0～9の表示データ
```

フローチャート (図9.4):

- START
- 初期化
- 配列の宣言
- ループ1: PBS₁ ON? → NO でループ1へ戻る
- YES:
  - 入出力の設定 — PORTA(ポートA)は，RA0/AN0は入力ビット。RA1～RA5は出力ビット
  - PORTB(ポートB)はすべて出力ビット
  - PORTC(ポートC)は，RC3は入力ビット。RC0～RC2は出力ビット
  - アナログ入力モードの設定 — setup_adc_ports(RA0_ANALOG)
  - A-D変換クロックの設定 — setup_adc(ADC_CLOCK_DIV_32)
- ループ2:
  - c=250 — cに250を代入。cの値は，A-D変換を1回実行する周期を決める
- ループ3:
  - c=c−1 — c−1の結果をcに代入。ダウンカウンタの働きをしている
  - c==0? NO → ループ3へ戻る
  - YES:
    - A-D変換チャンネルの指定
    - 60μsタイマ ------ A-D変換が完了するまでの待ち時間
    - A-D変換データの読み込み
    - 各桁の数値を計算し格納 — 1桁目のデータ，2桁目のデータ，3桁目のデータを決定し，変数v3, v2, v1にデータを格納する
- (STROBE<<=1)==0x08? — STROBEの値を1ビット左にシフトする。STROBEの値が0x08になったら次へ行く
  - YES:
    - STROBE=0x01
    - POINT1=v1
    - 【1桁目を表示】PORTB1桁目データ出力 / port_c=STROBE / 3msタイマ / PORTCクリア / 500μsタイマ
  - NO → STROBE==0x02?
    - YES:
      - POINT2=v2
      - 【2桁目を表示】PORTB2桁目データ出力 / port_c=STROBE / 3msタイマ / PORTCクリア / 500μsタイマ
    - NO → STROBE==0x04?
      - YES:
        - POINT3=v3
        - 【3桁目を表示】PORTB3桁目データ出力 / port_c=STROBE / 3msタイマ / PORTCクリア / 500μsタイマ

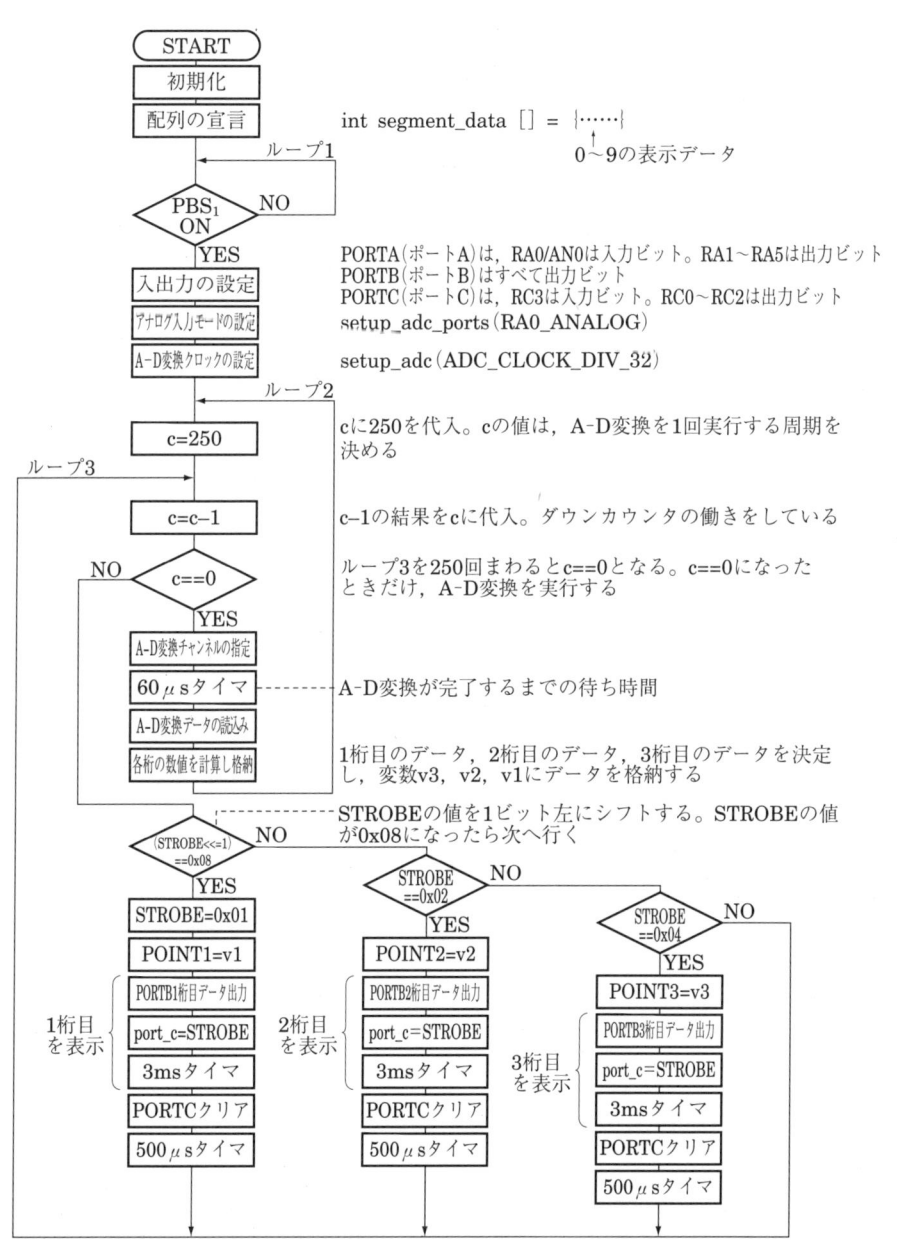

図9.4 ディジタル温度計のフローチャート

9.1 ディジタル温度計

プログラム 9.1　ディジタル温度計

```c
#include <16f873.h>
#device ADC=10
#fuses HS,NOWDT,NOPROTECT,NOLVP
#use delay(clock=10000000)
#byte port_b=6
#byte port_c=7
int c;
int STROBE=0x04;
int POINT1,POINT2,POINT3;
long value,v1,v2,v3;
int segment_data[]={0x3f,0x06,0x5b,0x4f,0x66,0x6d,0x7c,
                    0x07,0x7f,0x67};
main()
{
  while(1)                                              ……ループ1
  {
    if(input(PIN_C3)==0)                                ……PBS₁ ON
      break;
  }
  set_tris_a(0x01);
  set_tris_b(0);
  set_tris_c(0x08);
  setup_adc_ports(RA0_ANALOG);     ………アナログ入力モードの設定
  setup_adc(ADC_CLOCK_DIV_32);     ………A-D変換クロックの設定
  while(1)                                              ……ループ2
  {
    c=250;
    while(1)                                            ……ループ3
    {
      c=c-1;
      if(c==0)
      {
        set_adc_channel(0);        ………A-D変換チャンネルの指定
        delay_us(60);
```

```
      value=read_adc();              ············A-D 変換データの読込み
      v3=value/100;
      v2=(value-v3*100)/10;
      v1=value-v3*100-v2*10;
      break;
    }
    if((STROBE<<=1)==0x08)
    {
      STROBE=0x01;
      POINT1=v1;
      port_b=segment_data[POINT1];   ············segment_data(1 桁目)
      port_c=STROBE;                             の値を PORTB に出力
      delay_ms(3);
      port_c=0;
      delay_us(500);
    }
    if(STROBE==0x02)
    {
      POINT2=v2;
      port_b=segment_data[POINT2];   ············segment_data(2 桁目)
      port_c=STROBE;                             の値を PORTB に出力
      delay_ms(3);
      port_c=0;
      delay_us(500);
    }
    if(STROBE==0x04)
    {
      POINT3=v3;
      port_b=segment_data[POINT3];   ············segment_data(3 桁目)
      port_c=STROBE;                             の値を PORTB に出力
      delay_ms(3);
      port_c=0;
      delay_us(500);
    }
  }
 }
}
```

● 解説

#device ADC=10

　A-D変換を10ビットモードに指定する。

#fuses HS, NOWDT, NOPROTECT, NOLVP

≪オプション≫

　HS：オシレータモードは，発振周波数10MHzを使用するのでHSモード。

　　　HS（High Speed）4MHz～20MHz。

　NOWDT：ウォッチドッグタイマは使用しない。

　NOPROTECT：コードプロテクトしない。

　NOLVP：ポートBのRB3は低電圧プログラミング指定ポートであるが，これを指定しない。LVP（Low Voltage Programming）。

　　　　NOLVPが設定されていないと，正常に温度表示されないので注意が必要である。

　このfuses情報は，PICライタでPICにプログラムを書き込む際に，別途設定することもできる。

int STROBE=0x04;

　STROBE（ストローブ）と名付けたint（8ビット符号なし）型変数の定義と初期化。

long value, v1, v2, v3;

　long（16ビット符号なし）型宣言。value, v1, v2, v3のデータの型は，valueの値が最大1023なので，intではなくlongにする必要がある。

int segment_data[]={0x3f, 0x06, ……0x7f, 0x67};

　int型配列の定義と0～9を表示させる内容。配列名はsegment_data。

setup_adc_ports(RA0_ANALOG);

　RA0/AN0（ピン番号2）ピンをアナログ入力モードに設定する。

　（RA0_ANALOG）を（ALL_ANALOG）としてもよい。

setup_adc(ADC_CLOCK_DIV_32);

A–D 変換クロックを PIC クロックの 1/32 に指定する。

PIC クロックが 10MHz のとき，A–D 変換クロック＝$10×10^6/32=3.125×10^5$ Hz。

周期＝$1/3.125×10^5=3.2×10^{-6}$s＝$3.2\,\mu$s。1 ビットの変換時間は $3.2\,\mu$s となる。PIC16F873 は 10 ビットの変換であるが，12 ビット相当の時間がかかる。このため，A-D 変換時間は $3.2\,\mu$s×12=$38.4\,\mu$s となる。

set_adc_channel(0);

A–D 変換をするアナログポートのチャンネル番号を指定する。AN0（ピン番号 2）ピンをアナログ入力モードに設定したので，AN0 は 0 チャンネルになる。

delay_us(60);

A–D 変換が完了するまでの待ち時間 $60\,\mu$s をつくる。この待ち時間は，サンプルホールド用コンデンサの充電時間約 $20\,\mu$s と A–D 変換時間 $38.4\,\mu$s の合計になる。この場合，20+38.4=$58.4\,\mu$s となり，delay_us(60);とした。

value=read_adc();

A–D コンバータから A–D 変換したディジタルデータを読み出し，value と名付けた変数に代入する。#device ADC=10 によって，A–D 変換を 10 ビットモードに指定したので，value の値は 0x3FF，すなわち $2^{10}=1\,024$ と計算できるが，0 を含めるので 1 023 が A–D 変換データの最大値になる。

　　v3=value/100;--------------------------- 3 桁目の計算

　　v2=(value−v3＊100)/10;------------ 2 桁目の計算

　　v1=value−v3＊100−v2＊10;---------- 1 桁目の計算

102.4℃ のとき，オペアンプ出力が 5.00V になるように非反転増幅回路を設計してある。value の最大値は 1 023 なので，102.3℃ のとき，value=1 023 になる。

ここで，例えば，28.3℃ のときの v3, v2, v1 を求めてみよう。

28.3℃ のとき，value=283。v3=283/100=2.83 と計算できるが，v3 は実数型（float）ではなく，long 型なので，2.83 の小数点以下は切り捨てられ，v3=2 となる。

同様にして，v2=(283−2×100)/10=8.3→v2=8．
　　　　　v1=283−2×100−8×10=3　→v1=3．

```
it((STROBE<<=1)==0x08)----ビット代数演算子<<=は，STROBEの値を1だけ左シ
{                         フトし，STROBEに代入．このSTROBEの値が0x08
                          に等しくなったとき，次に行く．
    STROBE=0x01;-------------- 0x01をSTROBEに代入．
    POINT1=v1;---------------- v1の値をPOINT1に代入．
    port_b=segment_data[POINT1];------ segment_dataの値をPORTBに出力．
    port_c=STROBE;------------ STROBEの値をRORTCに出力．
    delay_ms(3);-------------- 3msの時間をつくる．
    port_c=0;----------------- PORTCをクリア．         ⎫ 前の桁表示が残らない
    delay_us(500);------------ 500μs=0.5msの時間をつくる．⎬ ように0.5msの空白
                                                      ⎭ 時間を挿入する．
}
```

図9.5は，7セグメント表示器の表示順序と表示時間を表したダイナミック点灯制御である．port_c=0;, delay_us(500);によって，前の桁表示が残らないように0.5msの空白時間を挿入してある．この空白時間は，図9.2のように，PIC

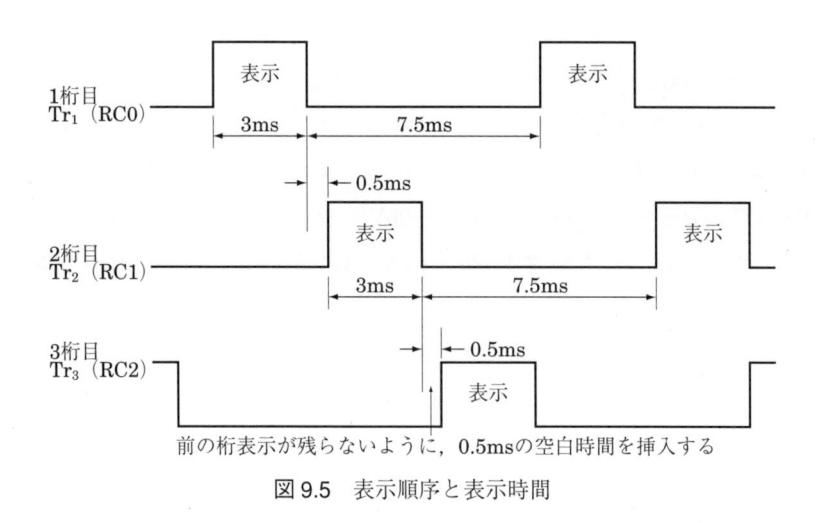

図9.5 表示順序と表示時間

と7セグメント表示器が同一基板にあるような場合はなくてもよい。表示器とPICが離れているようなとき，リード線の信号の遅れにより，前の桁が次の桁に一瞬表示されて，表示がちらつくときに必要となる。

9.2 DCモータの正転・逆転・ブレーキ・速度制御

図9.6は，DCモータの正転・逆転・ブレーキ・速度制御である。その部品配置と外観を図9.7に示す。押しボタンスイッチPBS_1をONにすると正転，PBS_2ONで逆転，PBS_3ONでブレーキ動作になる。正転および逆転の最中に，ボリュームVRを右にまわしていくと回転速度は上昇し，左にまわすと回転速度は下降する。

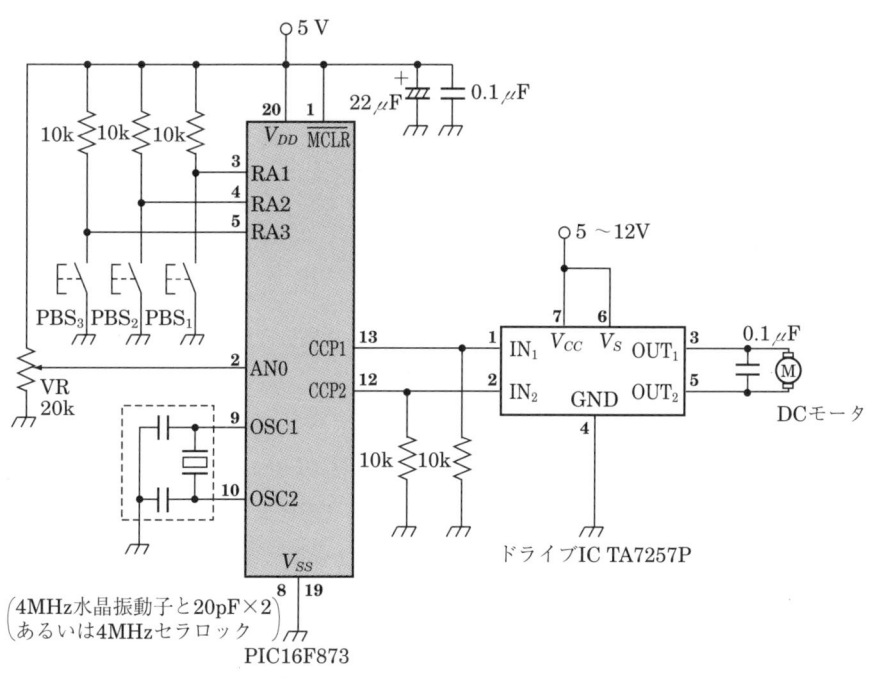

図9.6　DCモータの正転・逆転・ブレーキ・速度制御

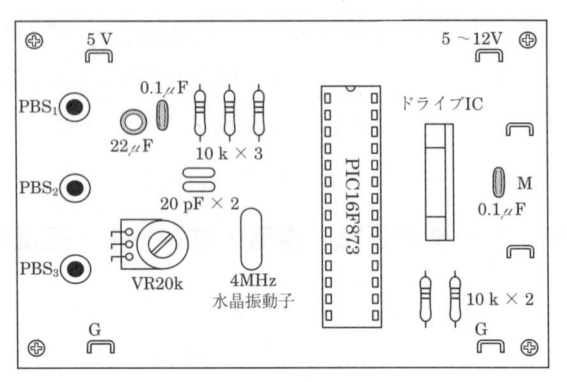

(a) 部品配置

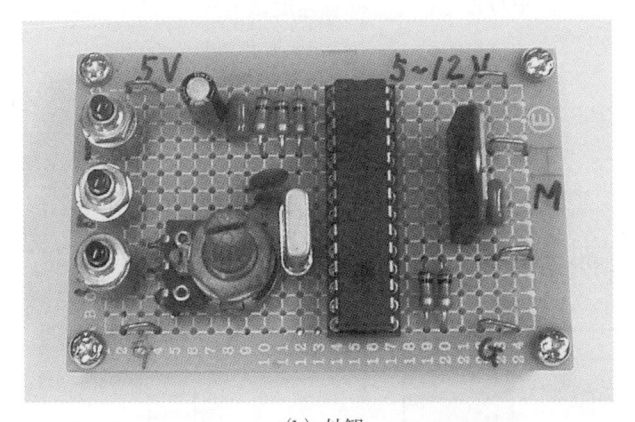

(b) 外観

図9.7 DCモータの正転・逆転・ブレーキ・速度制御回路の部品配置と外観

PIC16F873には，A–D変換機能のほかにCCP機能がある。CCPとは，キャプチャ（Capture），コンペア（Compare），PWM（Pulse Width Modulation）の頭文字から付けられた名前で，PIC16F873はCCPモジュールを2つもっている。図9.6のDCモータの制御回路では，A–D変換機能とCCPモジュールのPWM機能を利用する。

小形DCモータの駆動には，図に示す専用ドライブIC TA7257P（東芝）を使う。このICの最大定格（$T_a = 25°C$）は，電源電圧最大$V_{CC(MAX)} = 25V$，動作

表9.2 ドライブICの真理値表

入力		出力		モータの回転
IN_1	IN_2	OUT_1	OUT_2	
0	1	L	H	正／逆転
1	0	H	L	逆／正転
0	0	高インピーダンス		停止
1	1	L	L	ブレーキ

$V_{CC(\text{ope})}=18V$，出力電流ピーク $I_{O(\text{peak})}=4.5A$，平均 $I_{O(\text{AVE})}=1.5A$ である。DCモータは表9.2に示すドライブICの真理値表に従って動作する。

図9.6において，ドライブICの入力端子 IN_1 と IN_2 は，PIC16F873の2つあるCCP端子，CCP1とCCP2に接続されている。また，ボリュームVRで電源電圧を可変させ，その電圧をPIC16F873のA-Dコンバータの入力端子であるアナログ入力ピンAN0に印加する。

ここで，回路の動作をみてみよう。

回路の動作

❶ 押しボタンスイッチ PBS_1 をONにすると，CCP1は"1"，CCP2は"0"となる信号が出力される。表9.2の真理値表に従い，DCモータは正転する。真理値表では，IN_1 が"1"，IN_2 が"0"のとき，モータの回転は逆／正転と記されているが，ここでは正転とする。

❷ モータが正転しているとき，PBS_2 をONにする。CCP1は"0"，CCP2は"1"となる信号が出力される。モータは逆転する。

❸ 正転あるいは逆転中に PBS_3 がONになると，CCP1は"1"，CCP2も"1"となる信号が出力される。モータはブレーキ動作となり停止する。

❹ 以上は正転・逆転・ブレーキの動作であるが，ここに次のような速度制御の動作が加わる。

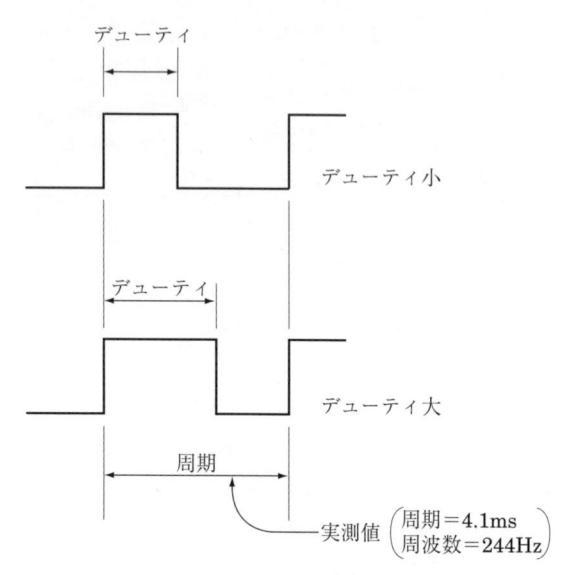

図 9.8　PWM 波形の周期とデューティ

❺ CCP2 は "0" にしておき，CCP1 に図 9.8 に示すような PWM 波形を出力する。

❻ PWM 波形の周期はプログラムにより常に一定にしておき，ボリューム VR によりデューティを可変させる。

❼ VR を右へまわしていくと，A–D コンバータのアナログ入力ピン AN0 の入力電圧は増加する。

❽ このアナログ電圧は A–D 変換され，デューティの大きさを決める。図 9.8 において，デューティが大きくなると DC モータの回転速度は上昇する。

❾ VR を左へまわしていくと，デューティは小さくなり，モータの回転速度は低減する。

❿ 同様にして，CCP1 は "0"，CCP2 に PWM 波形を出力させるとモータは逆転し，デューティの大小に応じてモータの速度制御をすることができる。

❶ CCP1，CCP2 の両方にデューティ 100% の PWM 波形を出力する。この場合，PWM 波形はパルスではなく，5V の出力電圧になる。CCP1，CCP2 は，どちらも "1" となるので，モータはブレーキがかかり停止する。

❷ 図 9.6 において，発振回路に 4MHz の水晶振動子（セラロック）を使用している。これは，10MHz のセラロックだと PWM 波形の周期が小さくなり，すなわちパルスの周波数が大きくなり，DC モータがパルスに追従できなくなるからである。後述するが，4MHz：パルスの周波数＝244Hz，10MHz：パルスの周波数＝610Hz となる。

図 9.9 は，DC モータの正転・逆転・ブレーキ・速度制御のフローチャートである。プログラムをプログラム 9.2 に示す。

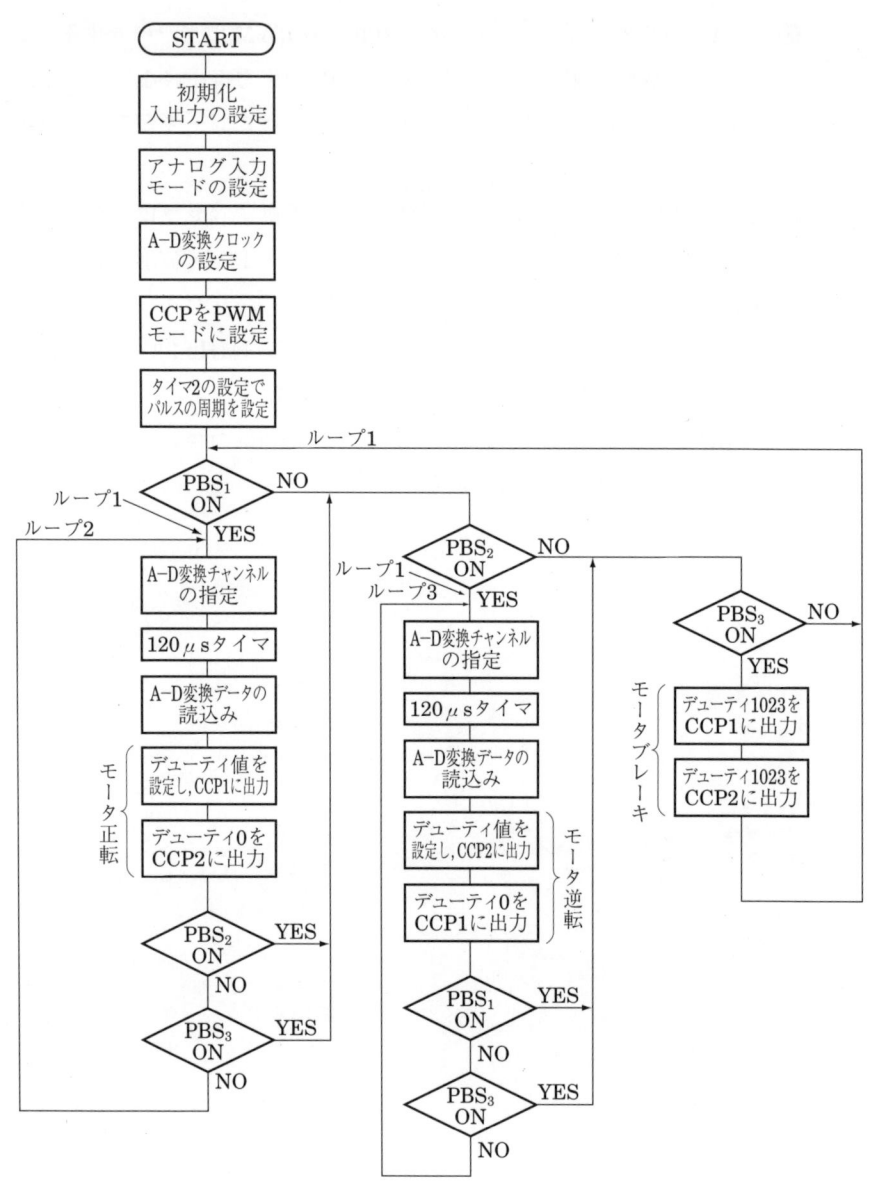

図 9.9　DC モータの正転・逆転・ブレーキ・速度制御のフローチャート

プログラム 9.2　DC モータの正転・逆転・ブレーキ・速度制御

```c
#include <16f873.h>
#device ADC=10
#fuses HS,NOWDT,NOPROTECT
#use delay(clock=4000000)
main()
{
  long value;
  set_tris_a(0x0f);
  set_tris_b(0);
  set_tris_c(0);
  setup_adc_ports(RA0_ANALOG);         ………………アナログ入力モードの設定
  setup_adc(ADC_CLOCK_DIV_32);         ………………A-D 変換クロックの設定
  setup_ccp1(CCP_PWM);                 ………………CCP1 を PWM 用に初期設定
  setup_ccp2(CCP_PWM);                 ………………CCP2 を PWM 用に初期設定
  setup_timer_2(T2_DIV_BY_16,0xFF,1);  ………………タイマ 2 の設定
  while(1)                             ………………ループ 1     で，パルスの周
  {                                                             期を設定
    if(input(PIN_A1)==0)               ………………………………………PBS₁ ON
    {
      while(1)                         ………………………………………ループ 2
      {
        set_adc_channel(0);            ………………A-D 変換チャンネルの指定
        delay_us(120);
        value=read_adc();              ………………A-D 変換データの読込み
        set_pwm1_duty(value);
        set_pwm2_duty(0);
        if(input(PIN_A2)==0)           ………………………………………PBS₂ ON
          break;
        else if(input(PIN_A3)==0)      ………………………………………PBS₃ ON
          break;
      }
    }
    else if(input(PIN_A2)==0)          ………………………………………PBS₂ ON
    {
```

```
      while(1)                         ……………………………………ループ3
      {
        set_adc_channel(0);      ……………………A-D変換チャンネルの指定
        delay_us(120);
        value=read_adc();        ……………………………A-D変換データの読込み
        set_pwm2_duty(value);
        set_pwm1_duty(0);
        if(input(PIN_A1)==0)     ……………………………………………PBS₁ ON
          break;
        else if(input(PIN_A3)==0) ……………………………………………PBS₃ ON
          break;
      }
    }
    else if(input(PIN_A3)==0)    ………………………………………………PBS₃ ON
    {
      set_pwm1_duty(1023);
      set_pwm2_duty(1023);
    }
  }
}
```

●解説

#device ADC=10

A-D変換を10ビットモードに指定する。

#use delay(clock=4000000)

コンパイラにPICの動作速度を知らせる。この場合，発振周波数clockは4 MHzである。

long value;

long（16ビット符号なし）型宣言。valueの値は0～1 023なので，long型にする。

setup_adc_ports(RA0_ANALOG);

RA0/AN0（ピン番号2）ピンをアナログ入力モードに設定する。

setup_adc(ADC_CLOCK_DIV_32);

　A-D変換クロックをPICクロックの1/32に指定する。

　PICクロックが4MHzのとき，A-D変換クロック＝$4×10^6/32=0.125×10^6$Hz。周期＝$1/0.125×10^6=8×10^{-6}$s＝8μs. 1ビットの変換時間は8μsとなる。PIC 16F873は10ビットの変換であるが，12ビット相当の時間がかかる。このため，A-D変換時間は$8\mu s×12=96\mu s$となる。

setup_ccp1(CCP_PWM); ｜
setup_ccp2(CCP_PWM); ｜

　CCPの動作モードをPWM用に初期設定する。CCP1，CCP2それぞれを設定する。

setup_timer_2(T2_DIV_BY_16, 0xFF, 1);

　書式　setup_timer_2(mode, period, postscale);

　タイマ2の設定で，periodを設定することでパルスの周期を決める。

mode

　　　T2_DISABLED

　　　T2_DIV_BY_1, T2_DIV_BY_4, T2_DIV_BY_16

　ここで1, 4, 16はプリスケーラのプリスケール値である。プリスケーラとは，8ビットのカウンタ（TMR2）の前段にある入力パルスの分周用に使うカウンタで，1, 4, 16の3段階に切り替えることができる。

period

　0～255の分周比を設定する。8ビット値で，ここでは周期最大の255とする。

postscale

　0～15のポストスケーラのポストスケール値を設定する。ポストスケーラとは，後段にあるカウンタで，オーバーフローの回数カウント用に使い，割込みに利用するが，PWM制御では使わない。ここでは1にしておく。

　パルスの周期と周波数は次の式で計算できる。

　　周期＝(periodの値＋1)×1サイクルの命令時間×プリスケール値

　　クロック周波数4MHzの場合，

$$1\text{命令の時間} = (1/4\times10^6)\times 4 = 1\times10^{-6}\text{s}$$
　　　　　　　　　　　　　↑
　　　　　　　　　4つのクロックパルスで1命令なので4

period の値＝255

プリスケール値＝16 とすると，

周期＝$(255+1)\times 1\times10^{-6}\times 16 = 4.096\times10^{-3}$s

周波数＝1/周期＝$1/4.096\times10^{-3} = 244.1$Hz

クロック周波数 10MHz の場合

$1\text{命令の時間} = (1/10\times10^6)\times 4 = 0.4\times10^{-6}\text{s}$

period の値＝255，プリスケール値＝16 とすると，

周期＝$(255+1)\times 0.4\times10^{-6}\times 16 = 1.6384\times10^{-3}$s

周波数＝1/周期＝$1/1.6384\times10^{-3} = 610.4$Hz

図 9.10 に，クロック周波数 4MHz の場合のパルスの周期と周波数を示す。

set_adc_channel(0);

A–D 変換をするアナログポートのチャンネル番号を指定する。AN0（ピン番号 2）ピンをアナログ入力モードに設定したので，AN0 は 0 チャンネルになる。

delay_us(120);

A–D 変換が完了するまでの待ち時間をつくる。この待ち時間は，サンプルホールド用コンデンサの充電時間約 $20\,\mu$s と A–D 変換時間 $96\,\mu$s の合計になる。$20+96=116\,\mu$s となり，dalay_us(120) とする。

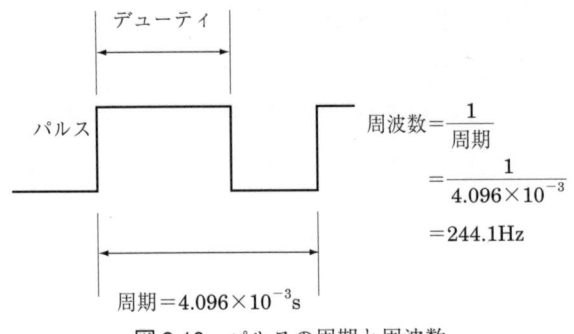

図 9.10　パルスの周期と周波数

value=read_adc();

　A–D コンバータから A–D 変換をしたディジタルデータを読み出し，value と名付けた変数に代入する。value の値は 0 から最大で 1 023 となる。

set_pwm1_duty(value);

　この関数は，PWM 方式のデューティを任意の値にセットする。16 ビットデータで 10 ビットが有効となる。10 ビットなので $2^{10}=1\,024$ となり，value の値を 0〜1 023 まで指定することができる。1 023 でデューティ 100% になる。ここでは，A–D 変換された value の値をパルスのデューティとして CCP1 に出力する。

set_pwm2_duty(0);

　value の値 0 をパルスのデューティとして CCP2 に出力する。デューティ 0 なのでパルスはなくなり，電圧は 0 になる。

set_pwm1_duty(1023);

set_pwm2_duty(1023);

　value の値 1 023 をパルスのデューティとして，CCP1 と CCP2 に出力する。デューティ 100% なので，パルスはなくなり，5V の出力電圧になる。

10.
CCS 社-C コンパイラと PIC ライタ

　MPLAB は，マイクロチップ・テクノロジー社より無料提供されている統合開発環境ソフトウェアであり，エディタ，アセンブラ，シミュレータが組み込まれている。本書で使用している CCS 社の PIC C コンパイラ(PCM)は，MPLAB と統合することができ，PCM を MPLAB 上に組み込んでしまうと，大変使い勝手がよくなる。

　本章では，MPLAB と PCM の統合した使い方として，言語ツールの設定，ソースファイルの作成，プロジェクトファイルの作成，コンパイルを中心に解説する。

　PIC ライタは，秋月電子通商製の PIC プログラマキット Ver.3 を使用する。この PIC ライタは，Windows パソコンに対応し，PIC マイコンのほぼすべてにプログラムを書き込むことができる。

10.1　CCS 社-C コンパイラの概要

　米国 CCS 社 (Custom Computer Services Inc.) の PIC C コンパイラは，もともとは DOS 環境で動作するコンパイラであるが，Windows 上で，マイクロチップ・テクノロジー社 (Microchip Technology Inc.)の統合開発環境ソフト MPLAB (エムピー・ラブ) と統合することができる。

　C コンパイラを MPLAB 上に組み込んでしまうと，MPLAB 環境が主となり，C コンパイラは陰に隠れてしまう。このため，ソースファイルやプロジェクトファイルの作成，およびコンパイルやデバックが MPLAB 上でできるようになり，扱いやすくなる。

CCS-C は，今まで，PCB，PCM，PCW の 3 つのタイプがあったが，さらに PCH と PCWH が追加された。PCB は 12 ビット幅の命令をもつ PIC のベースラインシリーズ用，PCM は 14 ビット幅の命令をもつミドルレンジシリーズ用のコンパイラである。そして，PCB と PCM 含み，さらにアプリケーションの開発を強力にサポートする追加機能をもったのが PCW である。また，PCH は 16 ビット幅の命令をもつハイエンドシリーズ用で，PCW に PCH を追加したのが PCWH である。本書では，14 ビット命令長の PIC16F84A と PIC16F873 を使用するので，PCM を使うことにする。PCM は，14 ビット命令長のおおかたの PIC に対応する。

PCM コンパイラ本体はフロッピーディスク 2 枚に収められていて，(株)アイ・ピイ・アイから購入すると，次のものが付属している。
- 英文マニュアル（ページ数 195）
- 和文クイック・リファレンス・マニュアル（ページ数 47）
 CCS-C 特有のプリプロセッサコマンド，PIC の組込み関数の解説等。
- CCS-C のインストール手順書（ページ数 4）
- MPLAB（CD-ROM）

本書では，MPLAB と PCM の統合した使い方を解説する。

10.2 MPLAB と PCM のインストール

MPLAB のインストール

最初に，マイクロチップ・テクノロジー社の MPLAB をインストールする。通常の Windows アプリケーションと同じにインストールする。デフォルトでは，MPLAB は C：¥Program Files¥MPLAB へインストールされる。

PCM のインストール

次に，通常の Windows アプリケーションと同じに，CCS-C コンパイラ PCM をインストールする。デフォルトでは，PCM は，C：¥Program Files¥PIC C へインストールされる。

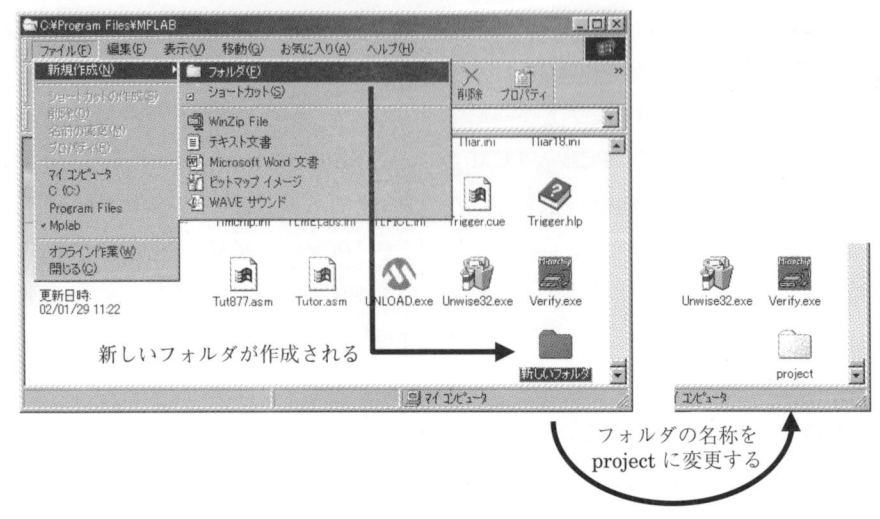

図 10.1　project フォルダの作成

10.3　project フォルダの作成

　MPLAB のインストール終了後，図 10.1 に示すようにして，MPLAB フォルダ内に project フォルダを作成する。これは，これから開発する各プログラムを格納する場所になる。図において，「ファイル」→「新規作成」→「フォルダ」で「新しいフォルダ」を作成し，名称を"project"に変更する。名称の変更は，次のようにする。「新しいフォルダ」にマウスポインタ（カーソル）を合わせ，マウスの右ボタンをクリックすると，「名前の変更」とあるので，ここを左クリックし，"project"に書き換える。

10.4　MPLAB のショートカットアイコンの作成

　デスクトップに MPLAB のショートカットアイコンを作成する。図 10.2 の MPLAB フォルダにおいて，MPLAB のアイコンにマウスポインタを合わせ，マ

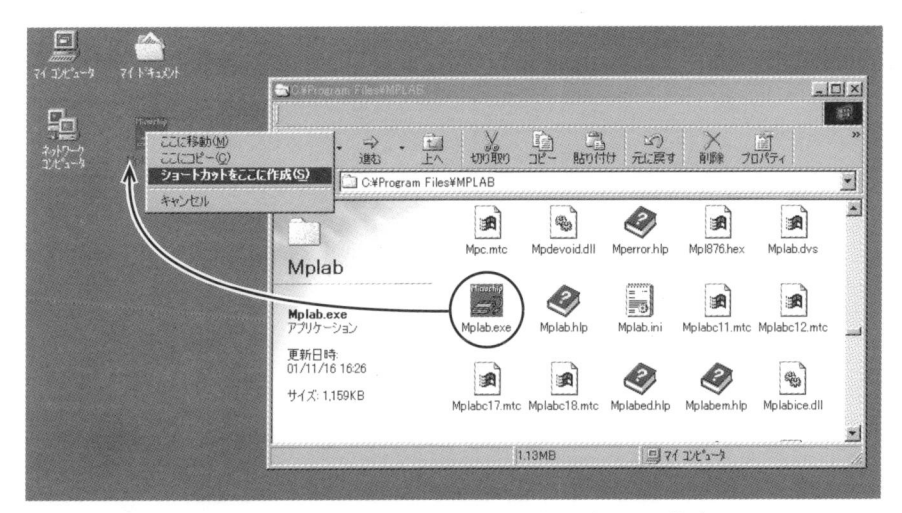

図 10.2　MPLAB のショートカットアイコンの作成

ウスの右ボタンを押したまま，MPLAB のアイコンをデスクトップ上にドラッグする。目的の位置でアイコンをドロップすると，メニューが表示されるので，「ショートカットをここに作成」を選択する。これで MPLAB のショートカットアイコンができる。

デスクトップ上の MPLAB ショートカットアイコンをダブルクリックすることによって，MPLAB は起動する。

10.5　開発モードの設定

MPLAB には，いくつかの開発モードがある。ここでは，デバッグもできるようにするため，シミュレータを使えるモードに設定する。

開発モードの設定

❶ MPLAB ショートカットアイコンをダブルクリックし，MPLAB を起動させる。

❷ 起動後のメニューバーから，「Options」→「Development　Mode」を

MPLAB SIM Simulator をチェックする　　　　PIC16F84A を選択する

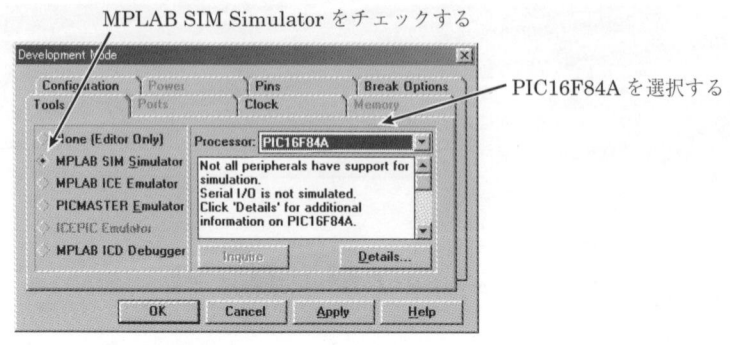

図 10.3　Development Mode ダイアログ

選択する。

❸ すると，図 10.3 の Development Mode ダイアログが開くので，Tools パネルの「MPLAB SIM Simulator」をチェックし，「Processor」を PIC16F84A にして，OK ボタンをクリックする。

❹ 続いて，シミュレータプログラムメモリの注意についてのダイアログが表示されるので，OK ボタンをクリックする。

10.6　MPLAB と PCM の統合した使い方

10.6.1　言語ツールの設定

言語ツールを CCS-C-COMPILER とするため，言語ツールの設定をする。

① MPLAB を起動させ，起動後のメニューバーから，「Project」→「Install Language Tool」を選択する。

② 図 10.4 の Install Language Tool 画面にするため，画面ダイアログ窓の左上の Language Suite：選択ボタンで CCS を選択する。

③ すると，Tool Name：は C-COMPILER になる。

④ Executable：は CCSC.EXE を選択する。

⑤ Command-Line を ON にし，最後に OK ボタンをクリックする。

図 10.4　言語ツール設定画面

10.6.2　ソースファイルの作成

　本章で使用するプログラム例は，1 章で解説したプログラム 1.1 救急警報回路と同じである。本書では，プログラムの作成は，MPLAB に付属するエディタを使用する。
　ここで，ソースファイルの作成手順を述べよう。

ソースファイルの作成手順

❶ メニューバーから，図 10.5(a) のように「File」→「New」を選択すると，図 10.5(b) の Create Project のダイアログが表示される。もし，このダイアログが開かない場合は，「Project」→「Close Project」を選択する。Save Project ダイアログが開くので，No ボタンをクリックする。そして，「File」→「New」を選択する。

❷「新しいプロジェクトを作成しますか？」と聞いてくるので，あとで作成するため，No ボタンをクリックする。

❸ 図 10.6 に示すように，プログラム 1.1 を書き込む。

❹ プログラムをすべて入力したならば，「File」→「Save As」を選択する。

❺ 図 10.7 に示すような Save File As ダイアログが開くので，Directories を C：¥Program Files¥MPLAB¥project, File Name を pro1-1.c に

(a) メニューの選択

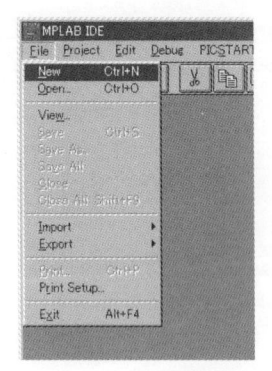

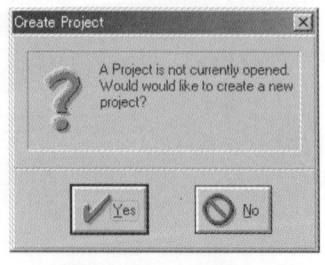

(b) 新規プロジェクト作成の確認

図 10.5 新しいプロジェクトの作成

```
//pro1-1
#include <16f84a.h>
#fuses HS,NOWDT,NOPROTECT
#use delay(clock=10000000)

#byte port_b=6
main()
{
        int c;
        set_tris_a(0x04);
        set_tris_b(0);
        port_b=0;
        while(1)
        {
                while(1)
                {
                        if(input(PIN_A2)==0)
                        break;
                }
```

図 10.6 プログラムの作成

(a) メニューの選択

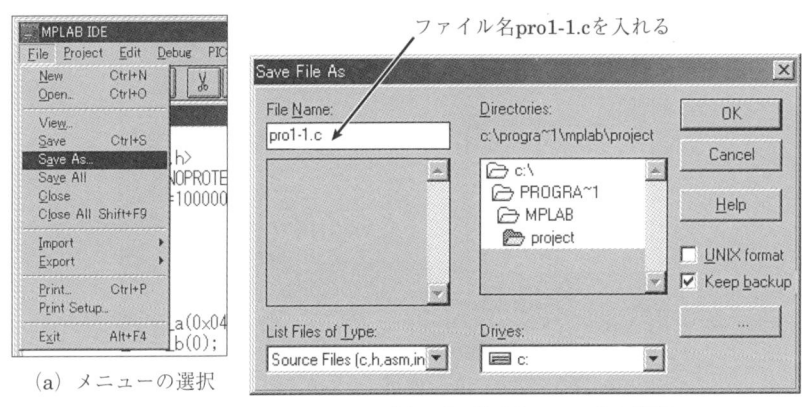

(b) プログラムファイルの保存

図 10.7　Save File As ダイアログ

して，OK ボタンをクリックする。これで，ソースファイル pro1-1.c ができる。C のソースファイルの拡張子は .c を使用する。

10.6.3　プロジェクトファイルの作成

プロジェクトの設定

❶ メニューバーから，「File」→「New」を選択すると，図 10.5 の Create Project ダイアログが表示される。

❷ これは，「新しいプロジェクトを作成しますか？」と聞いているので，Yes ボタンをクリックする。すると，図 10.8 に示すような New Project ダイアログが表示される。

❸ あるいは，メニューバーから，「Project」→「New Project」を選択しても同じである。

❹ New Project ダイアログで，Directories を C：¥Program Files¥MPLAB¥project，File Name を pro1-1.pjt にして，OK ボタンをクリックする。ここで，プロジェクトファイルの拡張子は .pjt とし，ソー

10.6 MPLAB と PCM の統合した使い方　177

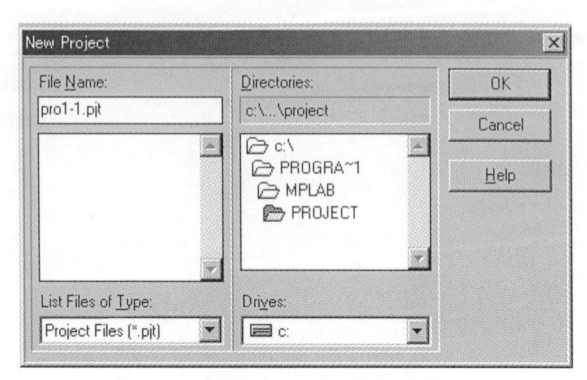

図 10.8 New Project ダイアログ

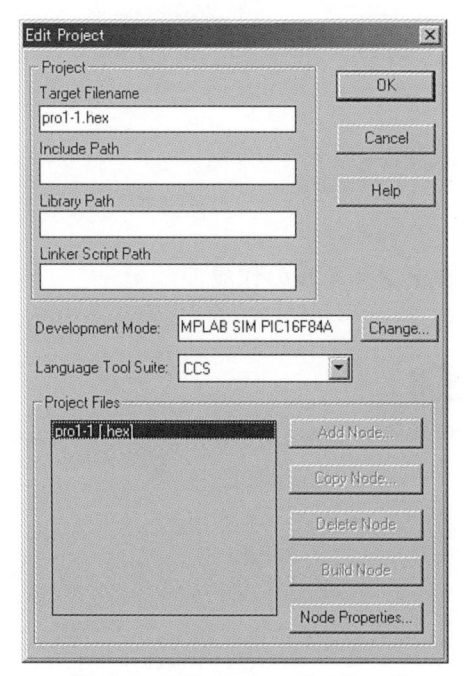

図 10.9 Edit Project ダイアログ

スファイル名とプロジェクトファイル名は同じにする。

❺ 図10.9のように，Edit Project ダイアログが開くので，プロジェクト作成環境を設定する。

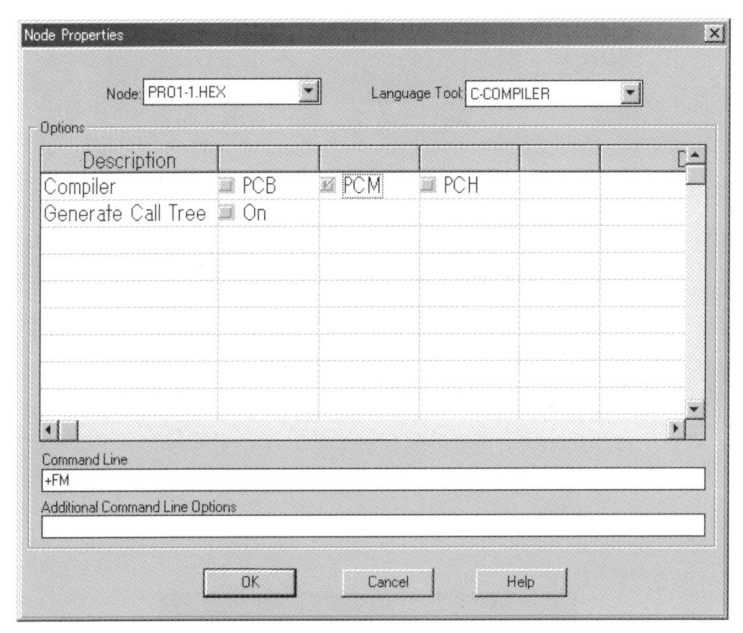

図 10.10 Node Properties ダイアログ

　Target Filename は，プロジェクトファイル名に拡張子 .hex が付加され，pro1-1.hex になっている。また，10.5 節で設定した Development Mode をここでも設定できる。Development Mode は MPLAB SIM PIC16F84A にする。Language Tool Suite の設定を CCS にする。

❻ 図 10.9 で，Project Files 中のファイル「pro1-1[.hex]」をクリックし，「Node Properties」をクリックすると，図 10.10 の Node Properties ダイアログが開く。ここで，Node は PRO1-1.HEX，Language Tool は C-COMPILER となっていることを確認する。

　Compiler オプションの設定は，14 ビット版の PCM を使っているので PCM を選択する。これで C コンパイラに関する設定は終わりとなり，OK ボタンを押して設定完了である。

❼ 画面は再び Edit Project ダイアログに戻るので，「Add Node」をクリッ

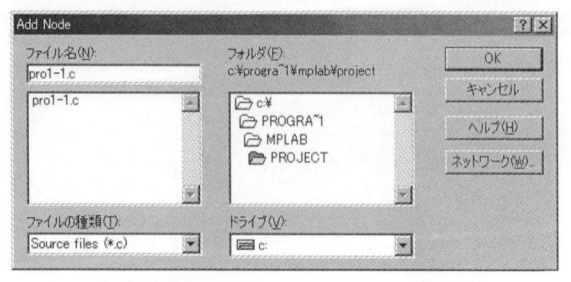

図 10.11　Add Node ダイアログ

クすると，図 10.11 の Add Node ダイアログが開く。

❽ 図 10.11 の Add Node ダイアログにおいて，ソースファイル名を pro1-1.c と入力し，OK ボタンをクリックする。すでにソースファイルがあるときは，ファイル選択ダイアログで，そのファイルを選択し，OK ボタンをクリックする。

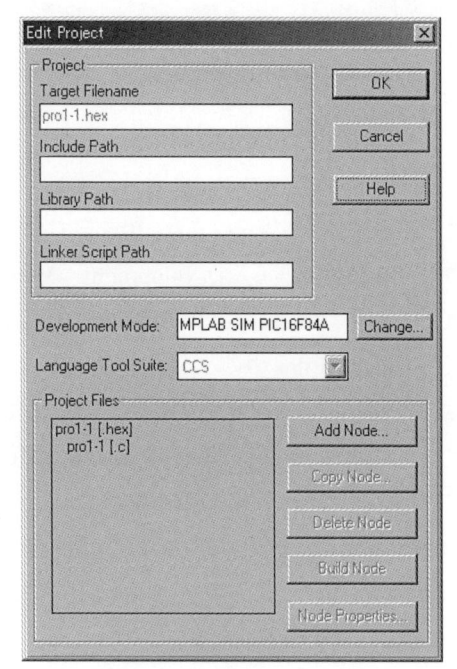

図 10.12　Project の設定完了

180　10. CCS 社-C コンパイラと PIC ライタ

❾ これで Project の設定が完了し，図 10.12 に示す Edit　Project ダイアログが開く。OK ボタンをクリックする。

10.6.4　コンパイル

ソースファイルがプロジェクトに組み込まれると，コンパイルを始めることができる。コンパイルは次のようにする。

コンパイル

❶ メニューバーから，「File」→「Open」を選択すると，図 10.13 のような Open Existing File ダイアログが表示される。すでにコンパイルをしたいプログラムが表示されていれば，❶，❷は省略し，❸より始める。

❷ ファイル名を選択し，OK ボタンをクリックすると，これからコンパイルをしたいプログラムが表示される。

❸ コンパイルは，「Project」→「Make Project」あるいは，「Project」→「Build All」で実行される。

❹ エラーが1つもなければ，図 10.14 のような Build　Results となり，HEX ファイルが自動的に生成される。

❺ エラーがあると，図 10.15 のような Build Results となり，エラーメッセージが出る。エラーメッセージの行をダブルクリックすると，プロ

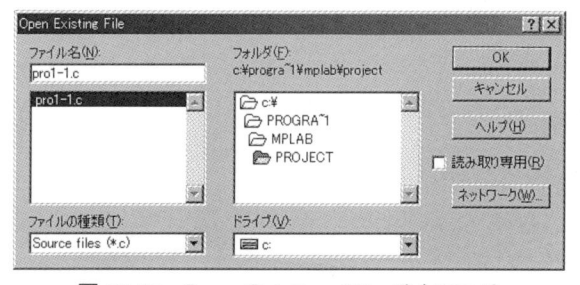

図 10.13　Open Existing File ダイアログ

10.6 MPLAB と PCM の統合した使い方

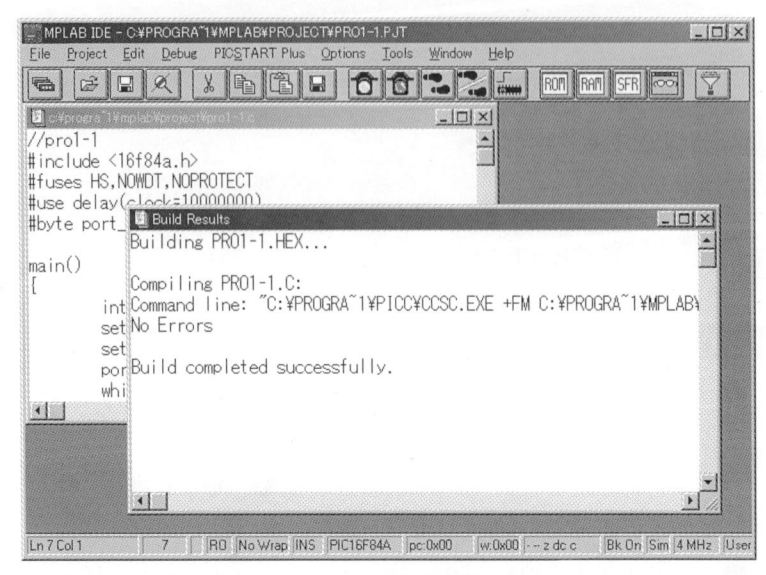

図 10.14 コンパイル結果の表示

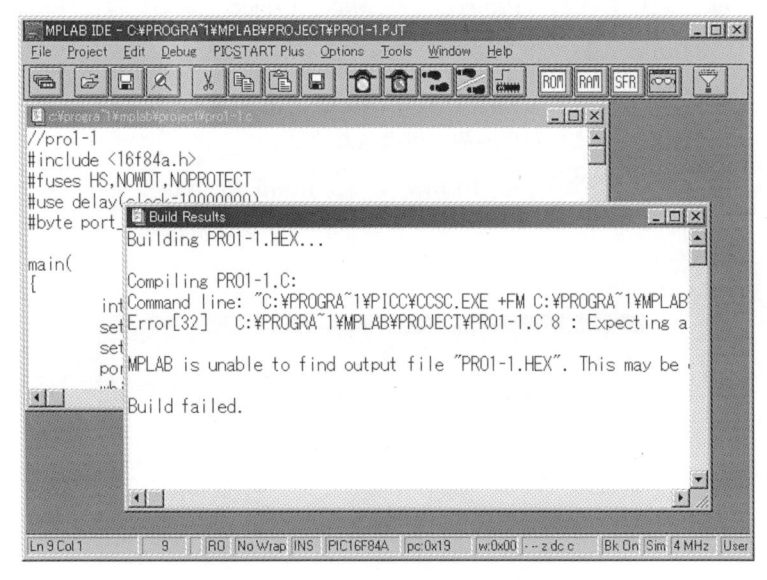

図 10.15 コンパイルエラーの表示

182　10. CCS 社-C コンパイラと PIC ライタ

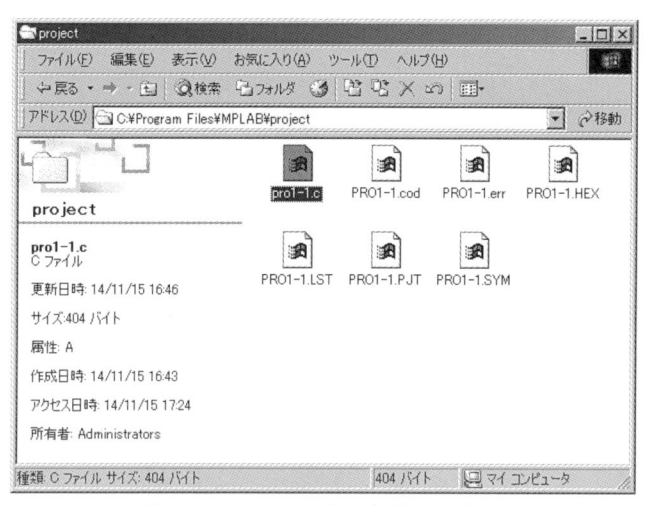

図 10.16　project 内の各種ファイル

グラム表示のエディタへ Window が切り替り，エラーを含む行にカーソルが移動する．このため，エラーの原因をすぐ修正することができる．

❻ エラーの原因がわかったら，その場ですぐ修正し，また「Project」→「Make　Project」を実行する．エラーがなくなるまで，これを繰り返す．

❼ コンパイルが完了すると，project フォルダに，図 10.16 に示すようなファイルが生成される．PRO1–1.HEX は HEX ファイルであり，これが PIC に書き込む機械語プログラムである．

10.7　PIC ライタによるプログラムの書込み

10.7.1　PIC ライタ

本書で使用する PIC ライタは，秋月電子通商製の PIC プログラマキット Ver.3

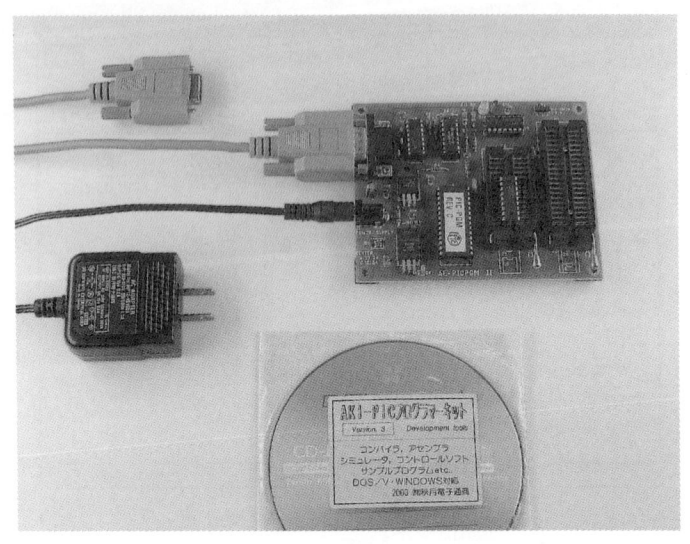

図10.17　PICプログラマキット Ver.3

である。Windowsパソコンに対応し，PICマイコンのほぼすべてにプログラムを書き込むことができる。パソコンとのインタフェースは，RS232Cを使用する。図10.17に外観を示す。

10.7.2　プログラムの書込み

PICプログラマキット Ver.3の付属の CD-ROM から，ライタコントロールソフトをパソコンにインストールし，デスクトップに，このソフト（picpgm）へのショートカットアイコンをつくっておく。

書込み手順は次のようにする。

(書込み手順)

❶ picpgmへのショートカットアイコンをダブルクリックし，ライタソフトを起動させる。

❷ 図10.18の書込み画面1が表示されるので，通信ポートボタンをクリッ

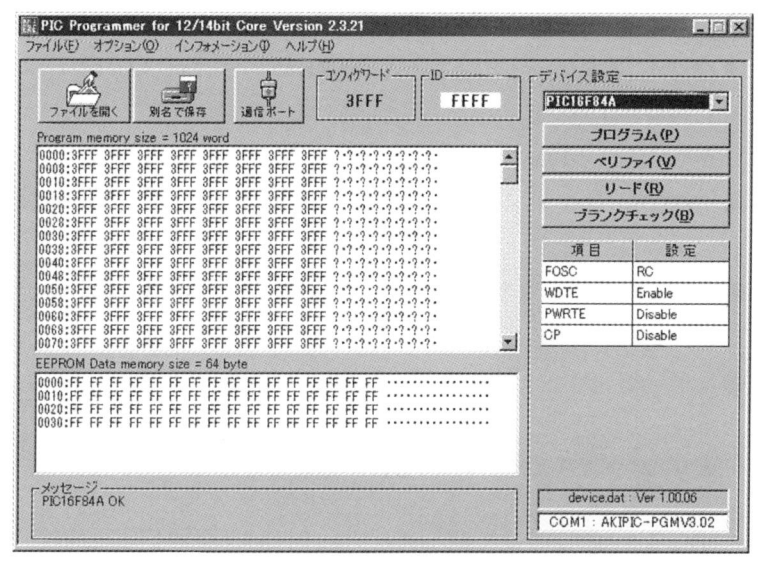

図 10.18　書込み画面 1

クし，通信ポートを COM1 にする。

❸ デバイス設定は PIC16F84A を選択する。

❹「ファイルを開く」をクリックすると，図 10.19 のような HEX ファイルが表示されるので，ファイル名を選び，「開く」ボタンをクリックする。

図 10.19　HEX ファイルの選択

10.7 PIC ライタによるプログラムの書込み　185

❺ 画面は図 10.20 のように変わり，HEX ファイルの機械語が表示される。
❻ 「FOSC」は発振モードの選択で，200kHz 以下は LP，4MHz 以下は XT，それ以上は HS モードに，抵抗，容量による発振は RC に設定する。本書の回路は，10MHz の発振なので，この設定は HS にする。
❼ 「WDTE」はウォッチドッグタイマの有無の設定で，ここでは Disable にする。
❽ 「PWRTE」は，電源投入直後に 72ms 間のリセット期間を有効にするか無効にするかを設定する。ここでは Disable のままにする。
❾ 「CP」は，コードプロテクトの有無を設定する。ここでは Disable の

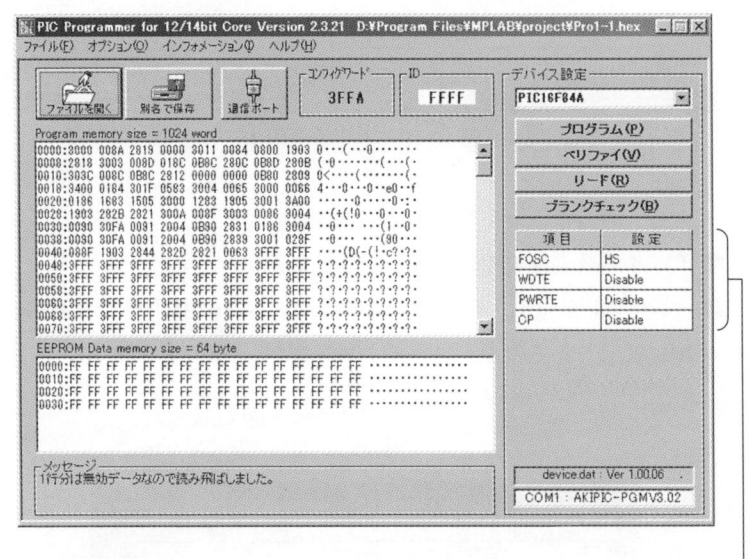

クリックすると COM ポート選択の画面が表示される

クリックするとメニューが表示される

FOSC ：発振モードの選択
WDTE ：ウォッチドッグタイマ
PWRTE：72ms 間のリセット期間
CP ：コードプロテクト

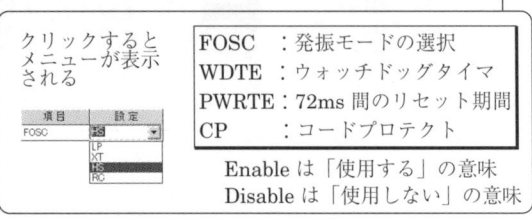

Enable は「使用する」の意味
Disable は「使用しない」の意味

図 10.20 書込み画面 2

ままにする。

❿ ❻〜❾の設定は，#fuses オプションで指定してあれば，設定が自動選択されるので，あえて設定する必要はない。

⓫「プログラム」は書込み用のコマンドで，指定された PIC マイコンにプログラムを書き込む。「プログラム」をクリックすると，「ブランクチェック」→「書込み」→「ベリファイ」を自動的に実行し，最後に結果を表示する。正しく書込みができると，「プログラミングに成功しました」と表示される。

⓬「ベリファイ」は，正常に書き込めたかをチェックするコマンドである。

⓭「リード」は，指定された PIC マイコンからプログラムを読み出す。

⓮「ブランクチェック」は，指定された PIC マイコンが未消去，未書込みかチェックする。

10.7.3　プログラミング済み PIC からのデータリード

　この PIC プログラマキット Ver.3 は，プログラミング済み PIC からのデータをリードし，名前を付けてファイルとして保存することができる。

データリード

❶ PIC をライタにセットする。

❷ 図 10.20 の書込み画面において，「デバイス設定」フレーム内で，使用する PIC を選択する。

❸「リード」ボタンをクリックすると，❶でセットした PIC のデータが読み出される。

❹ 読み出されたデータは，メニューバーから，「ファイル」→「名前を付けて保存」を選択し，指定した project フォルダ内に保存することができる。

参考文献

1) マイクロチップ・テクノロジー社：データシート PIC16F87X（日本語版）
2) ㈱アイ・ピイ・アイ：PCB & PCM PIC Compiler クイック・リファレンス・マニュアル
3) CCS 社：PIC micro MCU C Compiler Reference Manual
4) トランジスタ技術　2001.8，CQ 出版社
5) トランジスタ技術　SPECIAL No.75，CQ 出版社
6) 林晴比古：新 C 言語入門，ソフトバンク
7) 三田典玄：入門 C 言語，アスキー出版局
8) 後閑哲也：電子工作のための PIC 活用ガイドブック，技術評論社
9) 井上誠一：PIC で遊ぶ電子回路工作入門，総合電子出版社
10) 楠田達文：装置制御のプログラミング，CQ 出版社
11) 鈴木美朗志：絵ときポケコン制御実習，オーム社
12) 鈴木美朗志：たのしくできる PIC プログラミングと制御実験，東京電機大学出版局
13) 鈴木美朗志：たのしくできる PC メカトロ制御実験，東京電機大学出版局
14) 鈴木美朗志：たのしくできるセンサ回路と制御実験，東京電機大学出版局

本書で扱った各種の部品や装置の入手先

- 日本ユースウェア㈱（プログラム書込み済 PIC と部品セット）

    本書で使用したすべての部品とプログラム書込み済みの PIC が入手可能です。

    〒221-0835　横浜市神奈川区鶴屋町 2-9-7

    TEL・FAX：045-312-4743

    http://member.nifty.ne.jp/nihon_useware/

- マイクロチップ・テクノロジー・ジャパン㈱

    〒222-0033　横浜市港北区新横浜 3-18-20　BENEX S-1（6 F）

    TEL：045-471-6166，FAX：045-471-6122

    http://www.microchip.co.jp

- ㈱秋月電子通商

    秋葉原店　　　〒101-0021　東京都千代田区神田 1-8-3　野水ビル 1 F

    通販部・本社　〒158-0095　東京都世田谷区瀬田 5-35-6

    　　　　　　　TEL・FAX：03-2351-1779

    　　　　　　　http://www.akizuki.ne.jp

- ㈱アイ・ピイ・アイ

    〒305-0047　茨城県つくば市松代 3-19-4

    TEL：0298-50-3113，FAX：0298-50-3114

    http://www.jpic.co.jp

    オンラインショップ　http://www.ipishop.com

索 引

【ア行】

圧電直接効果　49
圧電ブザー　4
アナログーディジタル変換機能　148
アナログ入力ピン　161
アナログ入力モード　156
アナログポート　157

位置決め制御　38
一時停止制御　77
イネイブル　109, 114
インストール　171
インターバル時間　120, 126
インターバルタイマ　115, 120
インタロック　63
インタロック回路　59
インバータ　47

ウォッチドッグタイマ　9

エディタ　175
エミッタ電流　6

往復移動　32
押しボタンスイッチ　4
オシレータモード　9
オーバフロー　111
オペアンプ　44, 47, 148

温度センサ　148
温度センサ回路　151

【カ行】

回転回数制御　80
開発モード　173
外部割込み　106
開閉制御　95
カウンタ　110
拡張子　177
加算カウンタ　130
カソードコモン　122
カップリングコンデンサ　70
簡易位置決め制御　86
関数　10

擬似命令　9
ギヤヘッド　65
救急警報回路　4
近赤外線　23, 70

駆動ローラ　66
組込み関数　61, 119
繰返し運転制御　74
繰返し点灯制御　126
クロック周波数　23
クロック信号　21

言語ツール 174
減算カウンタ 39, 134
限時制御 73
検出距離 46
減速機 68
原点 38, 86
原点復帰 39

コードプロテクト 9
コレクタ電流 5
コンパイラ 9
コンパイル 181
コンパレータの比較基準電圧 47

【サ行】

サージ電圧 60
サブルーチン 35
三端子レギュレータ 54, 138
サンプルホールド用コンデンサ 157

自走三輪車 137
実行単位 16
自動ドア 92
シフト演算子 17
シミュレータ 173
遮断周波数 49
シャッタ 95
充電器 138
充電式電池 138
ジュラコン歯車 65
衝撃検知回路 48
衝撃センサ 48
焦電型赤外線センサ 92
ショートカットアイコン 172
シールド線 152

水晶振動子 163
ステッピングモータ 21
ステッピングモータ駆動一軸制御装置 20
ステッピングモータ駆動回路 20
ステッピングモータ・コントローラ 20
ステップ角 38
ストローブ信号 148
スリット円板 68
スレショルド電圧 47
寸動運転 72

セラロック 163

ソースファイル 177

【夕行】

ダイオード 47, 61
ダイナミック点灯制御 124, 148
タイマ 148
タイマ0 110
タイマ2 167
タイマ／カウンタ 110
多方向分岐 28
単相誘導モータ 58, 65

超音波受信回路 44
超音波受波器 44
超音波センサ 92, 138
超音波送信回路 44
超音波送波器 44
超音波発振回路 70
調光装置 121
直接方式 44

定位置自動移動 38

索引 191

ディジタル温度計　148
ディップスイッチ　23
定電圧・安定化電源　54
ディレイ　12
デクリメント　39
デバッグ　173
デフォルト　171
デューティ　116, 162, 169
電圧増幅度　52, 151
テンションガイド　66
テンション駒　66
点灯移動回路　12
点滅制御　99
電流増幅作用　122

ドッグ　67, 86
ドライブIC　138, 160
トランジスタ　5
トランジスタ駆動回路　44

【ナ行】

内部命令クロック　110

ニッケル水素電池　138
入出力ピン制御関数　10, 11
入出力モード　10

ノイズ　61, 152
ノイズ阻止用ダイオード　61

【ハ行】

バイアス　44
配列　17
発光ダイオード　23,68
バッファ　24, 54

バッファ出力電圧　54
バリスタ　60
パルス発生器　23, 68
パワーアップタイマ　9
反射方式　138
搬送ベルト　65
反転器　47
反転増幅　47

比較基準電圧　50, 52
引数　12
ヒステリシスコンパレータ　52
ヒステリシス特性　52
被動ローラ　65
非反転増幅回路　49, 52, 148, 151
非反転入力端子　44
微分回路　48
ピン　23
ピンアウト　145

ファイルレジスタ　9
ファンクション　35
フラッシュプログラムメモリ　3, 145
プリスケーラ　110, 167
プリスケール値　110
プリプロセッサ　9
プリプロセッサコマンド　109
プルダウン抵抗　23, 83
プロジェクトファイル　177
プロトタイプ宣言　35
分圧回路　52

平滑回路　47, 50
ベース電流　5
ベルトコンベヤ　65

変数レジスタ　9
方形波発振回路　44, 70
防犯装置　50
ポストスケーラ　167
ホトインタラプタ　23
ホトインタラプタ回路　68
ホトトランジスタ　23, 68

【マ行】
マイクロコントローラ　2
マイクロスイッチ　23
マイクロチップ・テクノロジー社　170

無限ループ　11

メインルーチン　106
メニュー　173

【ヤ行】
ユニポーラ駆動　21

【ラ行】
リセット　4
リセットスイッチ　61
リプル　47
リミットスイッチ　24, 67
リレー　58

励磁モード　20

ローパスフィルタ　49
論理演算子　83, 119
論理積　83, 119

【ワ行】
割込みルーチン　106
ワンチップマイコン　1

【英数字】
A-Dコンバータ　148, 151, 161
A-D変換時間　157
a接点　58, 68

break文　11
b接点　59

C-551SR　122
CCP　160
CCP1　161
CCP2　161
CCS　174
CCS-C　171
CCS社　170
CCW　23
CD-ROM　184
C-MOSインバータ（4049）　70
CW　23
C言語　10
Cコンパイラ　170

D-A変換回路　52
DCモータ　158
DCモータの速度制御　116

else if文　28

float　157
for文　16
fusesオプション　9

fuses 情報　156

HEX ファイル　185
HS　186
HS モード　9

IC 化温度センサ　52, 148
if〜else 文　28
if 文　28
IH6PF6N　66
int　10
int16　10
int 型変換　10
I/O ピン　4, 148

LED　5, 12, 68, 99
LM35　52
LM35DZ　148
long　10
LVP　156

main　10
MPLAB　170

NKR161　122
NOLVP　156

OPTION_REG レジスタ　110

PCH　171
PCM　171, 179
PCW　171
PCWH　171
PIC　1
PIC16F84A-20/P　4

PIC16F873　145
PIC ライタ　9, 156, 183
PKS1-4A1　48
PORTA　11, 28
PORTB　11
project フォルダ　172
PWM　148, 160

RISC　3
RS232C　184
RTCC　114, 130

SSR　5
switch〜case 文　29

TA7257P　138, 160
TA8415P　20
TMR0　110

void　35

while 文　11
Windows　170

006P　138
006P 電池ホルダ　138
1 相励磁駆動　23
1-2 相励磁駆動　23
2 相ステッピングモータ　23
2 相励磁駆動　23
7 セグメント LED　122, 148
7 セグメント表示器　50, 122, 148
4050B　54
78L05　138
&&　119

〈著者紹介〉

鈴木美朗志(すずきみおし)
学　歴　　関東学院大学工学部第二部電気工学科卒業(1969)
　　　　　日本大学大学院理工学研究科電気工学専攻修士課程修了(1978)
現　在　　横須賀市立横須賀総合高等学校定時制教諭

たのしくできる
C&PIC 制御実験

2003年2月10日　第1版1刷発行	著　者　鈴木美朗志
	発行者　学校法人　東京電機大学 　　　　代表者　丸山孝一郎 発行所　東京電機大学出版局 　　　　〒101-8457 　　　　東京都千代田区神田錦町2-2 　　　　振替口座　00160-5-71715 　　　　電話　(03)5280-3433（営業） 　　　　　　　(03)5280-3422（編集）
印刷　新日本印刷㈱ 製本　渡辺製本㈱ 装丁　高橋壮一	ⓒ Suzuki Mioshi　2003 Printed in Japan

＊無断で転載することを禁じます．
＊落丁・乱丁本はお取替えいたします．

ISBN 4-501-53590-3 C3004

たのしくできるシリーズ

たのしくできる
やさしい電源の作り方

西口和明／矢野勲 著
A5判 172頁
身近なエレクトロニクス機器用電源のいろいろを，平易な説明で製作しながら紹介。

たのしくできる
やさしいエレクトロニクス工作

西田和明 著
A5判 152頁
やさしいエレクトロニクス回路を製作しながら，回路の原理や基本を学べる。

たのしくできる
やさしいアナログ回路の実験

白土義男 著
A5判 196頁
6種類の簡単な実験や工作を通して，アナログ回路の基礎をやさしく解説。

たのしくできる
PIC電子工作
CD-ROM付

後閑哲也 著
A5判 190頁
PICを使ってとことん遊ぶための電子回路製作法とプログラミングのノウハウをやさしく解説。

たのしくできる
センサ回路と制御実験

鈴木美朗志 著
A5判 200頁
入手・製作可能な各種センサ回路やマイコン回路を取り上げ，実験を通して理論を学ぶ。

たのしくできる
やさしい電子ロボット工作

西田和明 著
A5判 136頁
簡単な光・音・超音波のセンサを用いた電子ロボットの製作を通して，電子回路と機構の知識を得る。

たのしくできる
やさしいメカトロ工作

小峯龍男 著
A5判 172頁
メカトロニクスの基礎から応用までを各種ロボットの製作と共に紹介。

たのしくできる
やさしいディジタル回路の実験

白土義男 著
A5判 184頁
簡単な実験を行う中でエレクトロニクス技術の基礎が身に付くように解説。

たのしくできる
PCメカトロ制御実験

鈴木美朗志 著
A5判 208頁
PCによるメカトロ制御実験のハードとソフトを基礎から学ぶ。ラダー図・プログラム・回路動作を示しわかりやすい。

たのしくできる
単相インバータの製作と実験

鈴木美朗志 著
A5判 144頁
実務にも応用できる回路の製作・実験を通し，アナログ単相インバータを中心に解説した入門書。

＊定価，図書目録のお問い合わせ・ご要望は出版局までお願い致します．

電子回路・半導体・IC

H8ビギナーズガイド

白土義男 著
B5変型判 248頁
日立製作所の埋込型マイコン「H8」の使い方と，プログラミングの基礎を初心者向けにやさしく解説。

PICアセンブラ入門
CD-ROM付

浅川毅 著
A5判 184頁
安価で高性能のマイコンであるPIC（ピック）を使い，アセンブラプログラミングの基礎を解説。

第2版 図解Z80
マイコン応用システム入門
ハード編

柏谷英一／佐野羊介／中村陽一／若島正敏 共著
A5判 304頁
マイコンハードを学ぶ人のために，マイクロプロセッサを応用するための基礎知識を解説した。

第2版 図解Z80
マイコン応用システム入門
ソフト編

柏谷英一／佐野羊介／中村陽一 共著
A5判 304頁
MPUをこれから学ぼうとする人のために，基礎からプログラム開発までを解説した。

図解Z80
マシン語制御のすべて
ハードからソフトまで

白土義男 著
AB判 280頁 2色刷
入門者でも順に読み進むことで，マシン語制御について基本的な理解ができ，簡単なマイコン回路の設計ができるようになる。

ディジタル／アナログ違いのわかる
IC回路セミナー

白土義男 著
AB判 232頁
ディジタルICとアナログICで，同じ機能の電子回路を作り，実験を通して比較・観察する。

図解
ディジタルICのすべて
ゲートからマイコンまで

白土義男 著
AB判 312頁 2色刷
ゲートからマイコン関係のICまでを一貫した流れの中でとらえ，2色図版によって解説。

図解
アナログICのすべて
オペアンプからスイッチドキャパシタまで

白土義男 著
AB判 344頁 2色刷
オペアンプを中心とするアナログ回路の働きを，数式を避け出来るかぎり定性的に詳しく解説。

ポイントスタディ
新版 ディジタルICの基礎

白土義男 著
AB判 208頁 2色刷
左頁に解説，右頁に図をレイアウトし，見開き2頁で1テーマが理解できるように解説。ディジタルICを学ぶ学生や技術者の入門書として最適。

ポイントスタディ
新版 アナログICの基礎

白土義男 著
AB判 192頁 2色刷
見開き2頁で理解できる好評のシリーズ。特にアナログ回路は，著者独自の工夫が全て実測したデータに基づきくわしく解説されている。

東京電機大学出版局出版物ご案内

初めて学ぶ
基礎 電子工学

小川鑛一 著
A5判 274頁
初めて学ぶ人のために，電子機器や計測制御機械などの動作が理解できるように，基礎的な内容をわかりやすく解説．

初めて学ぶ
基礎 ロボット工学

小川鑛一/加藤了三 共著
A5判 258頁
ロボットをこれから学ぼうとしている初学者に対し，ロボットとは何か，ロボットはどのような構造・機能を持ち，それを動かす方法はいかにあるべきかを平易に解説．

図解
シーケンス制御の考え方・読み方 第3版

大浜庄司 著
A5判 240頁
JIS図記号系列1準拠　初めてシーケンス制御を学ぶ人に，基礎から実際までを2色刷で解説した定評ある入門書．

やさしい
プログラマブルコントローラ制御

吉本久泰 著
A5判 244頁
特別に電気の知識がなくてもプログラマブルコントローラを利用してシーケンス制御ができるように，基礎的事項を中心に解説した．

油圧制御システム

小波倭文朗/西海孝夫 著
A5判 302頁
油圧システムは，電動機や原動機の発生する機械的エネルギーを流体エネルギーの形態で伝達し，機械的動力として出力する伝達制御装置である．油圧機器および油圧制御システムについて，理論と実際の橋渡しになるよう基礎事項から応用まで解説．

初めて学ぶ
基礎 制御工学 第2版

森 政弘/小川鑛一 共著
A5判 288頁
初めて制御工学を学ぶ人のために，多岐にわたる制御技術のうち，制御の基本と基礎事項を厳選し，わかりやすく解説したものである．

よくわかる電子基礎
電気と電子の基礎知識

秋冨 勝/菅原 彪 監修
A5判 294頁
工業に関する知識を習得し，将来エンジニアをめざす人が共通知識として電気・電子の基礎を学ぶ教科書

12週間でマスター
PCシーケンス制御

吉本久泰 著
B5判 226頁
プログラマブルコントローラ（PC）の初学者を対象に，12週間で一通り理解できるよう解説．実務において最初に必要とされる基本事項に重点を置き，PC入門者向けに平易に解説．

PCシーケンス制御
入門から活用へ

吉本久泰 著
A5判 200頁
直接実務に役立つ基礎的な例題を多く取り入れ，プログラム設計の過程と考え方を重視し，特別に電気の知識がなくても理解できるように配慮．

理工学講座
伝送回路

菊地憲太郎 著
A5判 234頁
系統的に伝送回路が学べるように整理し，平易に解説．回路や式の導き方を丁寧に解説し，練習問題を設けることにより理解が深まるようにした．学生や初・中級技術者，通信工学を志す人に最適．

＊定価，図書目録のお問い合わせ・ご要望は出版局までお願い致します．